Khalid Kareem
Baqer A.Sultan
Sabah N.Mohammed

Diagnóstico e estudo da produção de auto-anticorpos na hidatidose humana

Khalid Kareem
Baqer A.Sultan
Sabah N.Mohammed

Diagnóstico e estudo da produção de auto-anticorpos na hidatidose humana

ScienciaScripts

Imprint

Cover image: www.ingimage.com

This book is a translation from the original published under ISBN 978-3-659-79717-0.

Publisher:
Sciencia Scripts
is a trademark of
Dodo Books Indian Ocean Ltd. and OmniScriptum S.R.L publishing group

120 High Road, East Finchley, London, N2 9ED, United Kingdom
Str. Armeneasca 28/1, office 1, Chisinau MD-2012, Republic of Moldova, Europe
Printed at: see last page
ISBN: 978-620-8-33477-2

Agradecimentos

Antes de mais, gostaria de agradecer a Deus Misericordioso o facto de me ter permitido realizar este trabalho.

Dr. Baqur A. Sultan e ao Dr. Sabah N. Mohammed pela sua orientação científica, encorajamento, apoio, preocupação e conselhos amáveis.

Gostaria de agradecer ao Assist. Dr. Ali M.Al- Mohana e ao Prof. Dr. Ahmed Al-Mohana pela sua amável cooperação, aconselhamento e pelas muitas facilidades concedidas.

Estou igualmente grato à Dra. Safaa ALdeen Salim, ao Dr. Fadhel Ghaly, ao Dr. Wedhah Mahboba, ao Dr. Ali H.AL- Fatlawy, ao Dr. Alaa Mansour, ao Dr. Dthiaa Jabir AL- Jebory, ao Dr. Tariq Al-Shemary e ao Dr. Kaswer M. Al-Trarihi pela sua amável cooperação.

Estou igualmente grato aos membros da equipa do laboratório de imunologia da Al-Sader Medical City por algumas facilidades e pela leitura de alguns resultados.

Gostaria também de agradecer ao pessoal do Departamento de Histopatologia da AL-Sader Medical City pela sua amável ajuda na disponibilização de instalações para completar o trabalho histológico do estudo.

Gostaria também de agradecer ao pessoal do matadouro de AL-Najaf pela sua cooperação na obtenção dos espécimes.

Gostaria de expressar os meus sinceros agradecimentos aos membros do pessoal do Al-Sadar Medical City, do Al-Manathera General Hospital, AL-Najaf e do Al-Ghadeer Privet Hospital pela sua ajuda na recolha de amostras.

A todos os que me esqueci de mencionar os seus nomes, apresento os meus votos, agradecimentos e gratidão.

Por último, tenho de agradecer especialmente à minha mãe e ao meu pai misericordiosos pelas suas orações e paciência para me verem concluir este estudo.

Khalid

Resumo

No presente estudo, 74 doentes com hidatidose foram diagnosticados através de técnicas de imagiologia (raios X, ultra-sons, ressonância magnética), bem como de intervenções cirúrgicas. Os doentes foram divididos em dois grupos: Cinquenta e quatro doentes não operados com quistos de hidátide (NOP), 20 doentes operados com quistos de hidátide (OP), que foram submetidos a uma intervenção cirúrgica há pelo menos 6 meses. E 18 indivíduos saudáveis, sem doenças crónicas conhecidas, foram incluídos neste estudo como grupo de controlo.

Este estudo demonstrou que sessenta e oito (91,9%) destes casos foram diagnosticados primeiramente como hidatidose por ELISA (IgG), setenta doentes (94,6%) foram positivos por IF AT (imunoglobulina total), o que foi considerado como um caso confirmado de hidatidose, e trinta e nove (52,8%) foram positivos utilizando o teste imunocromotográfico.

A relação entre a hidatidose e a produção de auto-anticorpos foi realizada utilizando cinco marcadores: anticorpo anti-nuclear (ANA), anticorpo anti-mitocondrial (AMA), anticorpo anti-músculo liso (ASMA), anticorpo anti-microssomal fígado-rim (LKM) e anticorpo anti-células paraitais (APCA), que foram estimados por IFA e revelaram que 13,51% dos casos de hidatidose tiveram um resultado positivo sem diferenças significativas (P>0,05) entre os doentes e os grupos de controlo.

A técnica imunofluorescente (IFAT) foi utilizada como uma tentativa de estabelecer novos testes não invasivos, utilizando o antigénio do escólex completo e a secção congelada da camada germinativa como substratos, em que a seropositividade foi de 86,48% (64) e 82,44% (61) de todos os casos infectados, respetivamente.

Abreviaturas

Ag	Antigen
AMA	Anti mitochondrial antibody
AMA/LKM	Anti Mitochondrial Antibody /Liver Kidney Microsomal
ANA	Anti nuclear antibody
APCA	Anti parietal cell antibody
ARA	Anti ribosomal antibodies
ASMA	Anti smooth muscle antibody
CAg	Circulating Antigen
CE	Cystic Echinococcosis
CF	Complement Fixation
CICs	Circulating immune complexes
Cm	centimeter
C°	Centigrade
CNS	Central Nervous System
CRT	Calreticulin
CT	Computerized Axial Tomography
DD5	Arc-5 Double Diffusion
d	degree of freedom
DNA	Deoxy nucleic acid
EITB	Enzyme Linked Immunotransfer Blot
ELISA	Enzyme Linked Immunosorbent Assay
F	Female

FITC	Fluorescein-labled secondary antibody
HCF	Hydatid cyst fluid
HEP-2	Human epithelial -2
Hsp	Heat Shock protein
IB	Immunoblotting
ICT	Immunochromatographic
IEP	Immunoelectrophoresis
IFA	Indirect Immunofluorescent
Ab	Antibody
IFN-γ	Interferon - gamma
Ig	Immunoglobulin
IHA	Indirect Haemagglutination
IL	Interleukine
mg	Milligram
mm	Millimeter
MRI	Magnetic Resonance Imaging
Nm	Nanometer
.No	Number
Nop	Non operated patients group
Npv	Negative predictive value
OD	Optical Density
OP	Operated patients group
P	Probability

PAIR	The Puncture, Aspiration, Injection, Reaspiration
PBMC	Peripheral Blood Mononuclear Cells
PBS	phosphate buffer saline
Ppv	Positive predictive value.
Th1	T helper cell type 1
Th2	T helper cell type 2
TMB	Tetramethylbenzidine
TSH	Thyroid Stimulating Hormone
US	Ultrasonography
USA	United state American
WHO	World Health Organization
X2	Chi-squire
µl	Microlitter

ÍNDICE DE CONTEÚDOS:

CAPÍTULO 1

1.1 Introdução

A doença do quisto hidático ou hidatidose ou equinococose é uma infeção ciclozoonótica de distribuição cosmopolita (Cataldo *et al.* ,2009; Gosling, 2005). É uma das principais formas de doença parasitária em animais de criação, causada pela fase larvar dos vermes da fita Echinococcus, que utilizam os caninos como hospedeiro definitivo e vários herbívoros ou roedores como hospedeiro intermediário (Ortana *et al,* 2003).

As espécies do género Echinococcus são pequenas ténias de carnívoros com estádios larvares (metacestodes) conhecidos como hidatidose que proliferam assexuadamente em vários mamíferos, incluindo os seres humanos (Erickson., 2010; Mehlhom , 2008).

Existem quatro spp. císticas morfologicamente distintas que pertencem a este género: equinococose cística devida a *E. granulosus,* equinococose alveolar devida a *E. multilocularis,* e equinococose policística devida a *E. vogeli* e *E. oligarthrus.* A primeira é a mais prevalente das quatro espécies, a segunda é a mais patogénica e as duas últimas espécies são zoonoses raras restritas à América Latina (Topply & willson, 2006; Morar & Feldman,2003).

O verme adulto de *E. granulosus* é constituído por 3-4 proglotes e apresenta dois hospedeiros no seu ciclo de vida, um carnívoro como hospedeiro definitivo e vários animais domésticos herbívoros como hospedeiro intermediário. (Jeffrey *et al.* 2002).

Os seres humanos tornam-se hospedeiros intermediários acidentais quando ingerem legumes não lavados contaminados ou através do contacto (geralmente na infância) com animais infectados que podem transportar óvulos no seu pelo ou largar óvulos no solo onde as crianças brincam (Sharma , 2004; Eslami, 2005).

Os quistos hidáticos desenvolvem-se lentamente, alargam-se de forma concêntrica e aumentam de diâmetro em cerca de 1 a 5 cm por ano, dependendo da densidade dos órgãos em que se encontram (Kay ,2005 ; Dale, *et al,* 2007). O quisto hidático pode infetar qualquer órgão ou tecido do corpo (Akdemir ,2007;). Foi encontrado em vários locais nos seres humanos, principalmente no fígado e no pulmão (Muller, 2002). Pode atingir uma grande dimensão antes do aparecimento dos sintomas iniciais. Estes sintomas são geralmente atribuíveis a uma lesão maciça que ocupa espaço e foi registada a sua ocorrência desde antes de 1 ano de idade até aos 75 anos de idade (Dale, 2007).

A equinococose cística é uma das principais doenças parasitárias zoonóticas no Médio Oriente e nos países árabes do Norte de África, sendo hiper endémica no Irão, Turquia, Jordânia, Marrocos, Líbia, Tunísia, Argélia, Egito e Iraque (Sadjjadi, 2006).

No Iraque, a hidatidose é uma das doenças parasitárias importantes do gado, com significado económico e de saúde pública, ao passo que a prevalência da equinococose alveolar foi raramente comunicada (Kadir e Saaid, 1997; Rokni, M., 2009; Alsaimary, 2011).

O melhor diagnóstico para a maioria dos casos humanos de equinococose quística é feito através de métodos de imagem física, como a radiologia, a ultrassonografia, a tomografia axial computorizada (TAC) e a ressonância magnética (Lightowler & Gottstein, 1995).

O imunodiagnóstico pode desempenhar um papel complementar importante na deteção da doença do quisto hidático. Também é útil para o acompanhamento de doentes após tratamento cirúrgico ou farmacológico (Poretti *et al.,* 1990). Provou-se que é eficaz e pode ser utilizada de forma adequada para o diagnóstico precoce em populações assintomáticas (Gonzalez-Sapienza *et al.,* 2000 b). Este estudo tentou estabelecer um teste não invasivo (teste imunológico) da doença do quisto hidático em função dos seus antigénios (antigénio do escólex inteiro e antigénio da camada germinativa) utilizando o teste imunoflorecente indireto

A autoimunidade é definida como uma falha dos mecanismos específicos do sistema imunitário na distinção entre antigénios próprios e não próprios (Baron *et al.*, 1996). Várias causas podem levar ao desencadeamento de doenças auto-imunes e os agentes infecciosos são uma dessas causas importantes, pelo que a relação entre infecções e doenças auto-imunes tem sido estudada extensivamente ao longo de muitos anos e descrita a associação entre a infeção microbiológica (bacteriana, viral e parasitária) e o desenvolvimento de autoimunidade (Zandman *et al.*, 2008; Berlin *et al.*, 2007). A identificação de péptidos microbianos que se assemelham a tecidos próprios por mimetismo molecular é um verdadeiro fator de indução ou promoção de doenças auto-imunes humanas desencadeadas por certas infecções (Berlin *et al.*, 2007).

1.2 Objectivos do estudo

1-Identificação de alguns elementos de auto-anticorpos como ANA, ARA, ASMA, AMA e LKM em doentes com hidatidose operados e não operados.

2-Estudo comparativo de alguns aspectos imunodiagnósticos da hidatidose humana.

3- Estabelecer um teste não invasivo para o diagnóstico da doença do quisto hidático através da utilidade das escólices e dos antigénios da camada germinativa.

CAPÍTULO 2

Revisão da literatura

2.1 História da doença

A doença hidática é conhecida pela humanidade desde os tempos antigos. A doença hidática é uma das mais antigas doenças conhecidas pelo homem. O Talmude babilónico descreveu pela primeira vez a doença hidática como uma "bexiga cheia de água", Arataeus no século I d.C., Galeno no século II d.C. e Hipócrates no século IV a.C., referiram-se a este tipo de quistos em animais abatidos para alimentação (Shieldsm,1994; Cox, 2002). Al-Rahzes, posteriormente, escreveu um texto pormenorizado sobre o quisto hidático do fígado há cerca de mil anos (Kidess *et al.* 1988).

Hipócrates (460-379 a.C.) referiu-se a bexigas cheias de água nos pulmões e no fígado do gado e dos seres humanos (Thompson e McManus, 2001). Haubner, em 1855, elucidou o ciclo de vida do parasita quando infectou experimentalmente um porco com os ovos de *E. granulosus, e foi confinado como zoonose em* 1862 por Krabbe e Finsen (Huizinga et al. 2000; Thompson, 2001). *granulosus* experimentalmente, e foi confinada como zoonose em 1862 por Krabbe e Finsen (Huizinga *et al.* 2000; Thompson, 2001), tendo sido reconhecida em 1928 por Dew *et* a*l*.(Safioleas *et al.* 1999).

O primeiro a reconhecer o carácter parasitário dos quistos hidáticos foi Francisco Redi, no século XVII (Kean *et al.* 1978). Pierre Simon Pallas (1766) observou que estes quistos eram as fases larvares das ténias. Von Siebold (1852) infectou experimentalmente um cão com quistos hidáticos e associou as fases larvar e adulta (Thompson, 2001) e, em 1853, demonstrou que os quistos de equinococos de ovelhas davam origem a ténias adultas quando alimentados a cães e chamou-lhe Taenia echinococcus (Flisser e Craig, 2006).

Há também descrições de quistos hidáticos em seres humanos no Corpus Hippocratorum e nos trabalhos de Galeno e, mais tarde, em textos médicos europeus (Foster, 1965). Goeze (1782) descreveu os escólices do quisto equinocócico e indicou a sua semelhança com as cabeças das ténias e demonstrou que o organismo causador era um cestode (Flisser e Craig, 2006; Cox, 2002).

A E. granulosus e *a E. multilocularis* foram ambas associadas à equinococose humana antes ou pouco depois do século XX (Dennis *et al.*, 2010). thDeve definiu no início do século XX (1911) que o quisto hidático é composto por duas partes: a parte parasitária (ou hidátide) e a adventícia que a envolve (da Silva, 2010).

No final do século XVII, Redi, Hartmann e Tyson projectaram a origem parasitária destes quistos através dos seus estudos (Grove, 1990). O verme adulto nos cães
foi descoberto no intestino de um cão por Hartman (1695). Em (1786), Batches chamou-lhe "granulosus" (Arora e Arora, 2006).

Durante as últimas quatro décadas, foi observada uma variabilidade fenotípica e genética considerável na espécie *E. granulosus* e foram identificadas várias estirpes (Pearson *et al2002*;).

Rudolphi (1801) criou o género Echinococcus, no qual o parasita hidático era conhecido como Echinococcus granulosus. Embora Rudolphi (1808) tenha examinado os estádios adultos num cão naturalmente infetado (Huizinga *et al.,* 2000).

Leuckart em (1867) estudou os quistos resultantes da infeção de leitões com óvulos de *T. echinococcus* . Naunyn (1863) infectou cães com centenas de escólices que foram obtidas após a autópsia de um paciente com um grande quisto hepático.

Ele não só confirmou que os quistos hidáticos de origem humana sofrem o mesmo desenvolvimento que os quistos de origem animal, como também demonstrou que os vermes adultos obtidos das duas fontes eram semelhantes, e mostrou que existia apenas uma única espécie. Além disso, concluiu que o *equinococo* do homem é o estágio de verme da bexiga do *T. echinococcus* que vive no intestino do cão (Flisser e Craig, 2006).

Na Islândia, Krabbe e Finsen (1866) e Thomas (1883) na Austrália confirmaram os resultados de Naunyn, quando utilizaram quistos hidáticos obtidos a partir de origem humana. Até à década de 1950, discutiu-se se a infeção humana por Echinococcus se devia a uma espécie, *E. granulosus,* ou a duas espécies que, posteriormente, causaram lesões multi-vesiculares ou multi-loculares (Grove, 1990; Flisser e Craig, 2006).

Durante a primeira metade do século XX, as pesquisas helmintológicas e o interesse crescente na taxonomia dos cestodes levaram à descrição de várias espécies nominais do género Echinococcus. Durante uma operação cirúrgica no Iraque, o primeiro caso de quisto hidático foi registado em 1925 (Mukaid, 1925). Vogel (1957) foi evidentemente o primeiro a distinguir o género Echinococcus. Pouco depois, Cameron (1960) observou que existiam diferenças biológicas significativas entre as formas sinantrópicas de Echinococcus. Verster In (1965) investigou alguns caracteres morfológicos que eram fiáveis para distinguir subespécies.

2.2 Classificação dos parasitas

O parasita que causa a doença hidática é classificado da seguinte forma (Karyakarte e Damle, 2004).

Kingdom: *Animalia*
Sub kingdom: *Metazoa*
Phylum: *Platyhelminthes.*
Class: *Cestoda.*
Subclass: *Eucestoda.*
Order: *Cyclophyliidea.*
Suborder: *Taeniata.*
Family: *Taeniidae.*
Subfamily: *Echinococcinae.*
Genus: *Echinococcus.*
Species: *E. granulosu.*

Foram reconhecidas quatro espécies de Echinococcus *(E. granulosus, E. multilocularis, E. oligarthrus* e *E. vogeli).* Estas espécies foram classificadas de acordo com caracteres morfológicos da fase adulta e larvar. (As principais diferenças entre as *espécies de Echinococcus* são explicadas no quadro (2-1) (Rausch & D' Alessandro 2002).

O E.granulosus e *o E.multiluculares* são apenas os patogénicos para os seres humanos, (da Silva ,2010).

Moro e Schantz (2008) relataram recentemente duas espécies de equinococose: *E. shiquicus* em pequenos mamíferos no planalto tibetano e *E.felidis* em leões africanos, mas a sua transmissão zoonótica é ainda desconhecida, e ao mesmo tempo referiu que a estirpe ovina (Gl) é a forma mais cosmopolita e que está mais frequentemente associada a infecções humanas.

O quadro (2-1) apresenta as principais diferenças entre as espécies de Echinococcus.

Feature	*E. granulosus*	*E.multiluculares*	*E. vogeli*	*E. oligarthrus*
Host–larval stage	Ruminants,Pigs, Horse, Man	Rodents, insectivore	Rodents,Man	Coyot

Host–adult stage	Dog,Wolf,Hyena Dingo	Dog ,Red fox, Arctic fox	Bush dog	American lion, Tiger
Length of proglottid	2-7 mm	1.2- 3.7 mm	3.9-5.6 mm	1.9-2.9 mm
Size of hooks				
Large	31- 49 μm	28-34 μm	49-57 μm	43-50 μm
Small	22-39 μm	23-31 μm	30-74 μm	2545 μm
No.of mature proglottid	3	4-5	3	3
No.of tests	25-80	16-30	50-67	15-45
Position of genital pore	Near posterior end of segment	Near middle of segment	Posterior end of segment	Anterior end of segment

2.3 Descrição geral de *E. granulosus*

O E.granulosus é uma pequena ténia (raramente excedendo 7 mm de comprimento) que vive firmemente ligada à mucosa do intestino delgado em hospedeiros definitivos, geralmente cães, onde a fase adulta atinge a maturidade assexuada dentro de 4 a 5 semanas (Siracusano et al., 2012;Tortora *et al.,* 2010). É constituído por um escólex, um pescoço e apenas uma única proglótida em cada fase de desenvolvimento (imaturo, maduro e grávido) (Garcia, 2001). O Echinococcus adulto possui um órgão de fixação especializado, o escólex, que tem quatro ventosas musculares e duas fileiras de ganchos, um grande e um pequeno, no rostelo (Thompson e McManus, 2001).

Thompson *et al.* (2006) consideraram a morfologia do gancho dos protocolecos um princípio adequado para a identificação de estirpes *de E. granulosus.*

Almeida *et al.* (2007) estudaram a morfometria dos grandes e pequenos ganchos rostelares tanto em metacestódeos como em *E. granulosus.* Verificaram que os ganchos dos doentes com quistos hidáticos variam consoante a localização geográfica, o hospedeiro e o órgão. Hussain *et al.* (2005); Karimi e Dianatpour (2008) salientaram que a análise biométrica dos valores morfométricos dos protoscoleces de quisto hidático de camelo é significativamente superior à dos isolados de ovinos. Existem 26-51 testículos situados maioritariamente ao longo das proglótides. O ovário lobado e um útero que pode ser esférico ou sacular (Dubinsky *et al.,* 1998). A proglótida gravídica é a mais larga e mais comprida, consistindo num útero gravídico mediano que contém cerca de quinze bolsas laterais cheias de óvulos (Gottstein, 1992).

A estrutura e a função da cobertura do corpo têm sido de grande interesse para os parasitologistas, que têm utilizado a microscopia eletrónica para contribuir muito para esta área da cestodologia (Garcia, 2001).

O corpo que cobre os cestodes; o tegumento é agora conhecido como um tecido vivo com elevada atividade metabólica. Siracusano *et al.* (2012) afirmaram que o tegumento dos cestódeos é coberto por microvilosidades minúsculas, chamadas microtríquias, que servem para aumentar a área de absorção do tegumento. As microtríquias são semelhantes, em alguns aspectos, às microvilosidades encontradas nas células da mucosa intestinal e cobrem completamente a superfície do verme, incluindo as ventosas (Garcia, 2001).

Bui *et al.* (1999) encontraram grandes vesículas esféricas no tegumento do escólex com um núcleo electron-lucente embebido numa matriz densa de filamentos fibrilares. Essas vesículas eram as formas dominantes de vesículas na região do escólex. Morar e Feldman (2003) mencionaram que o verme adulto vive preso à mucosa do intestino delgado de hospedeiros definitivos (cães, lobos e raposas), tem geralmente 2-7 mm de comprimento e está preso à mucosa por uma fila dupla de folhetos contidos no seu escólex e tem pelo menos três proglótides, que contêm numerosos ovos.

O ovo de *E. granulosus* é redondo a oval, medindo 33-40 um de diâmetro. O embrião está rodeado por uma cápsula muito fina e uma parede espessa, castanha e radialmente estriada (embrióforo). No embrião estão presentes três pares de folhetos (Cheesbrough, 1998). Os ovos são resistentes à maioria das condições ambientais e permanecem viáveis durante vários meses em clima moderado e sobrevivem até 2,5 anos a 20°C. (Gemmell e Lawson 1986; Torgerson *et al.* 1995; Veit *et al.* 1995).

A temperatura e a humidade relativa são os factores mais importantes que afectam o tempo de sobrevivência dos ovos de taeniídeos na natureza, bem como outros factores, incluindo a luz solar, o tipo de solo, a dispersão pelo vento e a cobertura vegetal (Torgerson *et al.,* 1995).

Embora a maioria das infecções primárias em humanos consista num único quisto, 20 a 40% dos doentes têm múltiplos quistos ou envolvimento de múltiplos órgãos (Schantz, 1988).

Ammann e Eckert (1996) referiram que o desenvolvimento do metacestode da oncosfera para um quisto solitário ocorre em aproximadamente 75% dos doentes. O quisto hidático varia consideravelmente em tamanho, cresce muito lentamente e o tamanho dos quistos no corpo humano varia entre 1 e 15 cm, mas também podem ocorrer quistos muito maiores (>20 cm de diâmetro) (Goldsmith, 2005; Ammann e Eckert, 1996 ; Flisser e Craig, 2006; Tortora *et al.,* 2010).

Ahmadi e Bodi (2011) descobriram que o tamanho dos quistos hidáticos variava entre 1,5 e 23 cm no seu maior diâmetro e o maior quisto tinha aproximadamente 23 x 18 cm. A maioria dos cistos (47,7%) tinha entre 6-10 cm de diâmetro maior e apenas 9,9% dos cistos maiores que 15 cm. Alguns quistos morrem espontaneamente, enquanto outros persistem inalterados durante anos. Por vezes, uma parte ou a totalidade das camadas internas dos quistos calcificam, o que não significa necessariamente a morte do quisto (Goldsmith, 2005).

2.4 A parede do quisto hidático

A camada intermédia ou ectocisto (a camada laminada) é a região mais exterior do quisto e proporciona um grau de proteção mecânica e imunológica à camada germinal, na medida em que pode formar uma barreira contra o ataque celular (Gottstein *et al.* 2002; Steers *et al.* 2001), e a camada interna ou endocisto, que consiste numa camada germinal interna de células ricas em glicogénio geradas pelo parasita e suportadas pela camada laminada. O citoplasma das células germinativas une-se para formar um sincício com extensões microvilosas que se projectam perifericamente na camada laminada em direção ao tecido do hospedeiro que rodeia o quisto (Schantz e Okelo, 1990).

2.5 Conteúdo do quisto hidático

O líquido do quisto hidático (HCF) é um líquido aquoso claro de gravidade específica 1007 - 1015, contendo albumina e uma proteína aliada à caseína, cloreto de sódio (0,5%), fosfatos, vestígios de açúcar e uma toxina aliada à albumina (Manson-Bahr e Apted, 1985).

Siracusano *et al.* (2012) mencionaram que a cápsula de ninhada é uma massa de células que cresce internamente a partir da camada germinativa interna para a cavidade do quisto e se torna vacuolados para formar cápsulas de criação. Os protoscolices individuais brotam assexuadamente da parede interna das cápsulas de criação. Tanto as cápsulas de criação como os protoscolículos podem permanecer ligados ou flutuar livremente no interior do quisto cheio de líquido, formando areia hidática. Os protoscolículos normalmente invaginam-se para proteger os folhetos (Eviliyaoglu *et al.*, 1998).

O protoscolex tem aproximadamente 100 um de diâmetro e está ligado por um pedúnculo à membrana germinal da cápsula de criação. No interior de cada cápsula existem 5-20 protoscolices, cada um com uma cabeça invaginada que tem 4 ventosas e um círculo de folhetos (Morseth, 1967).

Utilizando o microscópio eletrónico de varrimento, Mahmoud e El-Garhy (2002) revelaram projecções tegumentares em cápsulas de criação livres e protoscolices. Pequenas percentagens de quistos hidáticos não possuem cápsulas de criação e são conhecidos como quistos estéreis (quer por invasão bacteriana quer por calcificação). Noutros quistos, as cápsulas de criação nunca produzem escólices, pelo que são designados por acefalocistos (Beaver *et al.*, 1984).

Cistos filhos é Raramente ocorre o brotamento exógeno da camada germinativa. Quando ocorre, resulta em mais dois hidátides chamados cistos filhos. Esta forma pode ser muito grande, contendo por vezes vários quartos de líquido (Garcia, 2001). Os quistos filhas são réplicas em miniatura do quisto hidático mãe e produzem a sua própria geração de cápsulas de criação e protoscolos. Estima-se que o quisto primário fértil médio contenha mais de dois milhões de protoscolpos (Rogan e Richards, 1987).

As cápsulas de criação rompidas ou separadas, os protoscolículos e os folhetos soltos podem formar um depósito granular no fundo do quisto, que é designado por areia hidática (Tsieh Sun, 1988).

Quando os animais que servem de hospedeiros intermédios são abatidos, as vísceras podem não ser eliminadas corretamente e podem ser consumidas por animais que servem de hospedeiros definitivos. Os vermes adultos desenvolver-se-ão então no intestino do hospedeiro definitivo (Garcia, 2001).

Eckert e Deplazes (2004) salientaram que o cão doméstico é o principal hospedeiro definitivo de *E. granulosus,* mas em certas regiões os canídeos selvagens podem estar envolvidos no ciclo de vida do parasita.

2.6 Ciclo de vida de *E. granulosus*

Moro e Schantz (2008) e Benner (2010) afirmaram que o ciclo de vida de Echinococcus granulosus envolve cães e outros canídeos como hospedeiros definitivos da ténia intestinal e ungulados domésticos como hospedeiros intermediários da fase de metacestode (larva) invasora de tecidos. O ciclo de vida do *E. granulosus* está ilustrado na figura (2-1).

A maturidade sexual do *E. granulosus* adulto ocorre no prazo de 4-5 semanas após o hospedeiro ter ingerido vísceras contendo protoscolisões viáveis nos tecidos dos hospedeiros intermediários (McManus *et al.*, 2003). As proglótides grávidas ou os ovos libertados são libertados nas fezes (Zhang *et al.*, 2003). Um cão fortemente infetado pode contaminar 10 ou mais hectares de terreno com ovos infecciosos numa semana (Joiner, 2000). Os seres humanos são infectados através da ingestão de ovos em resultado do contacto direto com cães infectados que libertam proglótides ou através da ingestão de vegetais estragados com fezes de cão contendo ovos (Ahmadi e Bodi, 2011).

Nos hospedeiros intermediários, incluindo o homem, quando os ovos são engolidos e atingem o duodeno, eclodem devido à alcalinidade do intestino e dos sucos pancreáticos (OMS, 2001). Os ovos libertam as suas larvas no duodeno do hospedeiro intermediário; as larvas atravessam a parede intestinal e, através do sistema portal, migram para o fígado, os pulmões e, ocasionalmente, outros órgãos, onde se transformam em quistos. (Ahmadi e Bodi, 2011). Vários estudos (in *vivo* e in *vitro)* demonstraram que as oncosferas de Echinococcus passam rapidamente por uma série de eventos de reorganização durante os primeiros 14 dias, envolvendo proliferação celular, degeneração de ganchos oncosféricos, atrofia muscular, vesicularização, formação de cavidade central e desenvolvimento de camadas germinativas e laminadas (Heath e Lawrence, 1996).

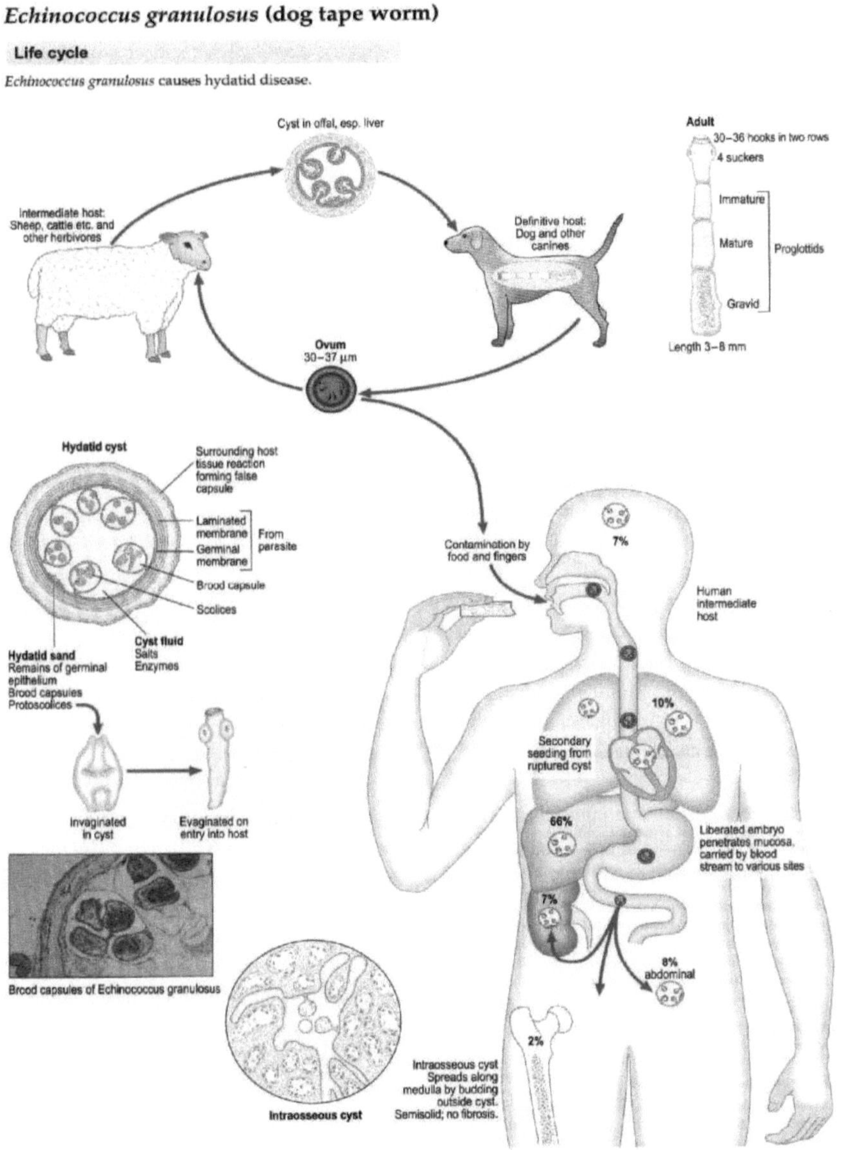

Figura 2-1: ciclo de vida de E. *granulosus* (Chiodini,eZ *al.* 2001)

Vários estudos (in *vivo* e in *vitro)* demonstraram que as oncosferas de Echinococcus passam rapidamente por uma série de eventos de reorganização durante os primeiros 14 dias, envolvendo proliferação celular, degeneração de ganchos oncosféricos, atrofia muscular, vesicularização, formação de cavidade central e desenvolvimento de camadas germinativas e laminadas (Heath e Lawrence, 1996)

2.7 Patogénese

A patogénese desta doença depende principalmente da presença do quisto hidático e da sua localização no corpo (Muller e Wakelin, 2002). No Iraque, Ahmed (2011) mencionou que a doença do quisto hidático em humanos ocorre no fígado em cerca de (50%- 75%), nos pulmões (25%) e (5%-10%) noutros órgãos. Sabouni *et al.* (2010) referiram que os quistos, em localizações menos comuns, incluem rins, ossos, coração e cérebro. Patologicamente, o processo de desenvolvimento gradual da repressão que ocupa espaço leva a danos nos tecidos e disfunção orgânica (Gottstein e Reichen, 2003). Os quistos em crescimento podem também causar danos nos vasos sanguíneos (Thompson, 2001). Além disso, a erosão dos vasos sanguíneos leva à hemorragia e a torção do omento à constrição vascular (Beaver *et al.,* 1984).

Dependendo do tamanho e do local de desenvolvimento do quisto hidático, a infeção pode permanecer assintomática durante meses ou anos (Gottstein e Reichen, 2003). Os quistos hidáticos atingem um tamanho grande devido à reprodução assexuada e à proliferação da camada mais interna do quisto (o epitélio germinativo) (Mehlhorn *et al.,* 2008). O quisto unilocular benigno pode atingir grandes dimensões sem sequer produzir sintomas e o seu efeito é detectado precocemente quando se desenvolve em áreas que limitam o espaço, como o cérebro e a medula óssea (Tortora, *et al.* 2010).

No homem, o equinococo cístico é uma doença crónica e pode demorar 5 a 20 anos até que um quisto atinja um tamanho suficiente (3 a 15 cm) para causar sintomas (Joiner, 2000). Eckert e Deplazes (2004) referiram que, A morbilidade da infestação depende do número, tamanho e estado de desenvolvimento do quisto (ativo ou inativo), do órgão envolvido, da localização do quisto no órgão, da pressão dos quistos nos tecidos e estruturas circundantes. Alguns quistos uniloculares podem não ser detectados durante muitos anos e tornam-se suficientemente grandes para ocupar outros órgãos (Garcia, 2001). O local mais comum de infeção é o fígado (50-77%), especialmente o lobo direito, seguido dos pulmões (9-44%), rins (4%), músculos (4%), baço (3%), tecidos moles (3%), cérebro (3%), ossos (2%) e outros locais (1%) (Garcia, 2001).

No fígado, Khuroo (2002) referiu que a colestase pode estar presente devido a um quisto de grandes dimensões e pode comprimir o ducto hepático comum na região hilar. Verificou-se que o lobo direito é mais frequentemente afetado do que o lobo esquerdo (Goldman e Bennett, 2000). O tamanho médio dos quistos varia entre 1 e 15 cm ou mais de diâmetro (Gottstein e Reichen, 2003). Os quistos hepáticos podem romper-se na cavidade pleural ou peritoneal, causando a formação de um quisto secundário ou anafilaxia resultante da disseminação de protoscolisões, que podem crescer para quistos maiores (Eckert e Deplazes, 2004).

Nos pulmões, a taxa de afetação está significativamente aumentada nas crianças (Dyer *et al.,* 2001). Além disso, foram encontrados quistos hidáticos pulmonares enormes nesta idade jovem, associados a uma maior elasticidade do tecido pulmonar e a um atraso no diagnóstico devido ao aparecimento tardio de sintomas nestes doentes (Halezeroglu *et al.,* 1997). Os quistos pulmonares estão frequentemente infectados e a melhor forma de os detetar é através de tomografia computorizada (Kervancioglu *et al.,* 1999). (2010) relataram um caso de doença hidática hepática e pulmonar concomitante numa rapariga de 10 anos.

O rim como local primário do CE é extremamente raro, mas alguns doentes com quisto hidático renal podem apresentar dor lombar ou cólica renal, disúria com frequência e passagem de material purulento turvo e hematúria (Neva e Brown, 1993). Um quisto renal pode romper-se no sistema coletor, causando a passagem de material hidático na urina, acompanhada de cólica ureteral grave com ou sem obstrução urinária (Afsar *et al.*, 1994). O quisto hidático primário da glândula suprarrenal continua a ser uma localização excecional. Bedioui *et al.* (2005) relataram dois casos de quistos hidáticos primários das glândulas supra-renais com dor abdominal isolada. Relativamente ao quisto hidático da coluna vertebral, representa apenas 1% de todos os casos de doença hidática. O envolvimento dos órgãos genitais é raro. Terek *et al.* (2000) relataram um caso de hidátide pélvica primária numa mulher de 36 anos que apresentava uma massa nas trompas de Falópio de uma jovem rapariga.

Os quistos ósseos ocorrem na pélvis, coluna vertebral, ossos longos e crânio, e causam expansão e destruição do osso, a lesão frequentemente atravessa as articulações e envolve os ossos adjacentes (Khurooe, 2002). Moro e Schantz (2009) afirmaram que o crescimento larvar nos ossos é atípico; quando ocorre, a invasão das cavidades medulares e esponjosas é comum e causa extensa erosão do osso. Os quistos ósseos começam como um pequeno processo osteolítico. Nath *et al. (2008)* apresentaram uma lesão osteolítica no osso ilíaco esquerdo de um homem de 35 anos, diagnosticada por radiografia simples da pélvis.

Foram registados poucos casos no pâncreas, mediastino, tiroide, mama, olhos, bexiga, língua e glândulas salivares (Saez *et al.*, 2001).

O baço é o segundo órgão intra-abdominal mais frequentemente afetado pela equinococose quística (Garcia, 2001; Raether e Hanel, 2003). A febre, a dor abdominal e o aumento do baço são os sintomas mais frequentes do quisto esplénico, mas não são específicos (Wolf e Lenner, 1998).

Os quistos cardíacos têm sintomas que variam de ausentes a inespecíficos, incluindo dor torácica, tosse, dispneia, febre e outras caraterísticas clínicas da síndrome valvular (Raether e Hanel , 2003), ou sintomas isquémicos devido à obstrução dos vasos coronários (Oliviero *et al.*, 2000). A rutura pode ocorrer na cavidade pericárdica produzindo derrame pericárdico até o tamponamento (Yagmur *et al.*, 1992), bloqueio cardíaco completo (Agarwal *et al.*, 1996) e morte súbita (Sinha *et al.*, 1995; AL - Mosa, 2001).

O crescimento intra-aórtico de quistos hidáticos causando a oclusão da aorta e de ambas as artérias ilíacas foi também relatado numa mulher que apresentava claudicação dos membros inferiores (Mew *et al.*, 1999; AL - Mosa, 2001).

As rupturas súbitas do quisto (espontaneamente devido a traumatismo ou cirurgia) causam anafilaxia e pode ocorrer morte (Tortora *et al.*, 2010). Se o líquido e as partículas hidatidais escaparem lentamente, podem ocorrer manifestações alérgicas (Eckert *et al.*, 2001). Kernm (2003) referiu que a rutura direta ocorre quando tanto o endocisto como o pericisto se rompem e o líquido hidático, com quistos filhos, fragmentos da camada germinativa, cápsulas de procriação e protoscoleces, derrama-se na cavidade vizinha ou nos tecidos circundantes.

A disseminação de elementos germinais pode ser seguida pelo desenvolvimento de múltiplos quistos secundários. Uma síndrome clínica caraterística de iterícia, cólica biliar e urticária pode seguir-se à extrusão intrabiliar do conteúdo do quisto (Hemming e Gallinger, 2003; Goldsmith *et al.*, 2005).

Kuzucu *et* a*l*.(2004) e Darwish (2006) referiram que não existem sintomas de quistos pulmonares até que estes vazem ou sofram erosão para um brônquio e se rompam ou se tornem suficientemente grandes para obstruir um brônquio, causando dor torácica, tosse, dispneia e febre como os sintomas mais comuns em doentes com quistos hidáticos pulmonares intactos. Nos quistos pulmonares rotos, a dor torácica, a tosse, a dispneia, a hemoptise, a febre e a produção de expetoração foram os sintomas mais comuns, e apenas alguns dos doentes com quistos hidáticos pulmonares rotos eram assintomáticos. E, raramente, as membranas hidatiformes podem ser expectoradas, resultando em cura espontânea (Schantz, 1988). Balci *et al.* (2002) registaram complicações pleurais que consistiram em hidropneumotórax após perfuração pleural por rutura de quistos hidáticos pulmonares. Foram também registados pleurisia, empiema, fístula broncopleural, pneumonia e peritonite.

2.8 Epidemiologia

A doença do quisto hidático é uma doença helmíntica endémica crónica causada pela infeção com metacestodes (fase larvar) da ténia *E. granulosus*. É uma das doenças zoonóticas mais comuns nos seres humanos, tanto nos países em desenvolvimento como nos países desenvolvidos (Latif *et al.*, 2009).

Recentemente, a Organização Mundial de Saúde (OMS) incluiu a equinococose como parte de um subgrupo de zoonoses negligenciadas para os seus planos estratégicos 2008-2015 para o controlo de doenças tropicais negligenciadas (da Silva *et al.*, 2010). A distribuição de *E. granulosus* é mundial, acreditando-se que apenas algumas áreas, como a Islândia, a Irlanda e a Gronelândia, estão livres de cistos hidáticos humanos autóctones (Budke *et al.*, 2006). A equinococose cística é prevalente em países das zonas temperadas, incluindo a América do Sul, toda a região mediterrânica, a Rússia, a Ásia Central, a China, a Austrália e partes de África (Dakkak, 2010).

No Iraque, a doença hidática é muito comum (Taha, 1999). Encontra-se dispersa nas zonas de criação de animais, sobretudo nas zonas rurais de contacto direto entre o hospedeiro intermediário e o hospedeiro definitivo. Foi considerada uma das doenças endémicas mais perigosas devido à evolução lenta da doença e ao facto de o parasita permanecer latente nos homens e nos animais sem sintomas clínicos (Dibarboure *et al.*, 1991; Schwable, 1986). No Iraque, Ahmed (2011) relatou que a doença do quisto hidático é uma doença endémica, especialmente na zona central e sul.

Durante 5 anos (1994-1999), foram notificados 855 casos em três hospitais de Bagdade (AL-Autabbi, 2002). Em 1990, foram registados 96 casos em Thiqar, 54 casos em Kirkuk e 47 casos em Diyala (Baban, 1990). Em 1974, foram registados 6880 casos humanos durante 14 anos em todo o país (Niazi, 1974).

Num estudo efectuado em Al-Najaf por AL-Mosa (2001), verificou-se que 20,19 % / 100000 da população estavam infectados com a doença do quisto hidático. A maior parte das infecções foi detectada no fígado (71,28%), pulmão (11,79%), baço (5,64%), peritoneu (4,10%), rim (3,08%), cérebro (1,03%), ovários (1,03%), músculos esqueléticos (1,03%) e taxa de infeção (1,02%) para cada mama e coração. Além disso, este estudo confirma que a hidatidose é uma doença endémica na província de Najaf e que não há nenhuma idade excluída e nenhum órgão ou tecido está definitivamente afetado por esta doença.

Na Babilónia, foi realizado um estudo de levantamento da hidatidose entre 1982 e 1991, tendo-se verificado que a taxa de infeção era de 3,67 - 7,67 /100000 habitantes, sendo a taxa de infeção nas mulheres superior à dos homens. A taxa de infeção mais elevada registou-se no grupo etário dos 25-34 anos, nas donas de casa e na zona rural (Al-Timimi, 1993).

No Iraque, a doença hidática está amplamente distribuída entre os seres humanos e os animais e causa grandes perdas económicas, devido à danificação dos órgãos durante o abate (Babero e Al-Dabagh, 1963). Foi também considerada uma das zoonoses mais importantes, especialmente entre as pessoas que vivem em zonas rurais (Aldulaimi *et al.*, 1992).

Em 1994, foi efectuado um estudo retrospetivo na comunidade de Salah Al-deen. O estudo demonstrou que esta doença era mais comum entre os adultos jovens (30-39) anos de idade, nas zonas rurais e entre as donas de casa. O fígado foi o órgão mais frequentemente infetado (o lobo direito foi mais afetado do que o esquerdo). O baço, a mama e os testículos ficaram em segundo lugar, respetivamente. (Em Sulaimaniyah e Arbil, foram notificados 197 e 99 casos de cirurgia de hidatidose entre 1980-1986 e 1990-1998, respetivamente, tendo o estudo confirmado que a hidatidose é endémica no norte do Iraque. (Molan e Baban, 1988; Saeed, 2000).

Na Turquia, Tekin *et al.* (2008) referiram que as doenças do quisto hidático hepático continuavam a ser um problema de saúde importante. No Kuwait, a infeção do cão com *E. granulosus* foi de 23,03% entre 240 cães examinados em 1975. (Othman, 1984).

Em África, a hidatidose foi registada em muitas áreas e a taxa de prevalência foi de 2,2%. Verificou-se que a maioria dos quistos se localizava no fígado e que a incidência do centro hiperendémico da hidatidose se situava no sul do Sudão, no sudeste da Etiópia e no noroeste do Quénia, estendendo-se até ao nordeste do Uganda (Macpherson *et al.* 1989). No Egito, a maioria dos estudos sobre a hidatidose humana centrou-se em relatórios cirúrgicos, embora tenham sido realizados vários estudos utilizando técnicas serológicas e de imagiologia e a hidatidose se tenha verificado entre os habitantes das zonas rurais (Ramadan e Eldamaty, 2000). Foi indicado que a incidência de quisto hidático era relativamente elevada nas províncias ocidentais, perto da fronteira com a Líbia (Kandeel *et al.,* 2004). Na Líbia, a hidatidose foi considerada uma doença transmissível importante, sendo a taxa de casos cirúrgicos de 1,66/100000. (Al- Salamy, 2000).

Nos EUA, a maioria das infecções foi diagnosticada em imigrantes de países onde a equinococose é endémica e a transmissão autóctone esporádica é atualmente reconhecida no Alasca, Califórnia, Utah, Arizona e Novo México (Moro e Schantz, 2009).

O E. granulosus compreende uma série de formas que apresentam uma variação genética considerável (McManus, 2009). Dez estirpes de *E. granulosus* (Gl-10) foram descritas com técnicas de biologia molecular utilizando sequências de ADN mitocondrial (McManus e Thompson,2003), incluindo a estirpe comum de ovinos (Gl), uma estirpe de ovinos da Tasmânia (G2), duas estirpes de bovinos (G3 e G5), uma estirpe de cavalos (G4), uma estirpe de camelos (G6), uma estirpe de suínos (G7), uma estirpe de cervídeos (G8), uma estirpe de suínos da Polónia (G9) e uma estirpe de renas da Eurásia (GIO) (McManus e Thompson, 2003). Os genótipos Gl a G5 foram reclassificados em *E. granulosus sensu stricto* (GltoG3), *E. equinus* (G4) e *E. ortleppi* (G5). Os genótipos G6 a G10 e a estirpe do leão de *E. granulosus* (anteriormente *E. felidis)* foram avaliados (Ito *et al.,* 2007). A estirpe ovina (Gl) tem uma distribuição geográfica mundial, especificamente no Norte de África e tem uma circulação natural em alguns países europeus, como a Itália (Varcasia *et al.,* 2011). Esta estirpe estava normalmente associada a infecções humanas. A estirpe G2 tem uma distribuição geográfica na Tasmânia e na Argentina, mas há observações recentes em alguns países europeus, como a Bulgária, a Itália, a França, Portugal e Espanha. A estirpe G3 tem uma distribuição principal na Ásia e em mais países europeus. O ciclo do genótipo "cervídeo" (G8) envolve lobos, cães, alces e renas (Varcasia *et al,* 2011).

2.9 Diagnóstico da doença do quisto hidático.

O diagnóstico baseia-se em dados epidemiológicos como história de residência em áreas endémicas, quadro clínico, investigação imunológica e não imunológica (Ammann e Eckert, 1995).

2.9.1 Manifestações clínicas

As manifestações clínicas dependem principalmente da localização e do tamanho do quisto hidático. Os sintomas só aparecem quando os quistos do parasita atingem um determinado tamanho, o que normalmente requer muitos anos após a infeção (Sako *et al.,* 2002). Os sintomas resultam de inflamação local, infeção bacteriana, obstrução ou efeito de massa local, causando danos patológicos ou disfunção do órgão afetado (Schantz e Okelo, 1990). Os quistos hidáticos devem ser considerados em doentes com massas abdominais sem diagnóstico claramente definido (Garcia, 2001). O quadro clínico varia de acordo com o órgão ou órgãos afectados e o tamanho do quisto hidático em que se desenvolveu. (Elder *et al,* 2005).

Mehmet Topuzlar *et al.* (2008) relataram uma reação alérgica invulgar após a rutura de um quisto hidático pulmonar secundária a um traumatismo torácico contundente.

2.9.2 Métodos imunológicos

O imunodiagnóstico proporciona uma abordagem deste tipo e pode, além disso, confirmar os resultados clínicos e permitir o acompanhamento dos doentes após tratamento cirúrgico ou farmacológico (Poretti *et al.*, 1999). Os testes imunológicos podem ajudar no diagnóstico, fornecendo informações pormenorizadas sobre as peculiaridades do parasita ou do hospedeiro, por exemplo, a diferenciação de espécies em casos radiologicamente pouco claros (Gottstein, 1992). Alguns destes métodos são abordados a seguir:

2.9.2.1 Teste de fixação do complemento (FC):

Neste teste, é testada a presença de anticorpos fixadores do complemento no soro dos doentes. Foi o primeiro teste serológico introduzido. A sua reatividade está principalmente associada a anticorpos IgM e, uma vez que estes diminuem rapidamente após a remoção cirúrgica do quisto, este teste foi recomendado para o acompanhamento pós-operatório. A ampla gama de variação registada na sensibilidade do teste de FC de casos infectados conhecidos desencorajou a sua utilização (Matossian *et al.*, 1992; Moreno *et al.*, 2004)

De acordo com Jeffrey e Norton (2002), o teste de fixação do complemento é positivo em aproximadamente 65% dos doentes. Bakir e AL-Omeri (1969) referiram que as medidas de diagnóstico convencionais, como o teste de fixação do complemento, não são muito fiáveis quando o quisto se rompeu ou está infetado ou calcificado.

O Center for Food Security and Public Health (2011) referiu que, atualmente, a fixação do complemento é raramente utilizada, algumas pessoas com quistos não desenvolvem anticorpos detectáveis e são também possíveis falsos positivos, que incluem reacções cruzadas com outros cestodes taeniídeos.

2.9.2.2 Teste de hemaglutinação indireta (IHA)

O teste IHA foi descrito pela primeira vez por Boyden (1951), que verificou que, quando um antigénio era fixado à superfície de eritrócitos curtidos, ocorria aglutinação após a adição dos anticorpos correspondentes, uma vez que a reação antigénio-anticorpo afecta a ligação cruzada dos eritrócitos que, de outro modo, formam uma massa compacta. Garabedian *et al.* (1957) adoptaram o IHAT para o diagnóstico da equinococose quística.

As variações deste teste incluíram a utilização de diferentes antigénios, a utilização de eritrócitos de várias espécies, o tratamento dos eritrócitos com vários
produtos químicos para facilitar a ligação ou preservação do antigénio, a utilização de diferentes critérios para determinar a positividade do teste e a utilização de técnicas de aglutinação em tubo, microtítulo ou lâmina. Estas variações podem causar grandes diferenças em termos de sensibilidade e especificidade (Schantz e Gottstein, 1986).

Rashed *et al.* (2003) avaliaram o IHAT e o ensaio de imunoabsorção enzimática (ELISA) para o diagnóstico da doença hidática quística, em que as sensibilidades foram de 94,4% e 83,3% para o

ELISA e o IHAT, respetivamente. O ELISA mostrou reação cruzada em casos de tumor (5,5%), enquanto o IHAT mostrou uma especificidade de 100%.

Khan *et al.* (1990) relataram a utilização do teste micro IHA através de sangue colhido em papel de filtro por simples picada de dedo, que é simples, fácil, seguro, económico e tem a mesma sensibilidade que o IHAT original. Esta técnica pode, por conseguinte, ultrapassar os problemas da colheita de sangue da população em geral utilizando seringa e agulha em inquéritos sero-epidemiológicos.

2.9.2.3 Teste de aglutinação do látex (LAT)

Este teste foi introduzido para o diagnóstico da hidátide, em que as diluições do soro de teste são misturadas com partículas de látex sensibilizadas com antigénios HCF brutos, podendo observar-se uma aglutinação visível em amostras positivas no espaço de 10 minutos (Varela-Diaz e Coltorti, 1976). A LAT não requer qualquer formação ou competências específicas. É barata e não requer qualquer equipamento ou reagentes especiais. O LAT é rápido e os resultados podem ser obtidos poucos minutos após a realização do teste. Sabe-se que alguns soros aglutinam partículas de látex não sensibilizadas, facto que exige a inclusão de etapas de controlo adequadas (Anonymous, 1981).

2.9.2.4 Teste de anticorpos imunofluorescentes indirectos (IFA)

O teste imunofluorescente utiliza moléculas de anticorpos fluorescentes para detetar anticorpos, normalmente em associação com células. O teste IF A foi adotado para o serodiagnóstico da doença hidática por Fraga de Azevedo e Robert (1965). O teste foi utilizado tanto para o diagnóstico como para a identificação de classes de imunoglobulinas de anticorpos, bem como para localizar antigénios no material do quisto hidático (Yarzabal *et al.*, 1977b). Wattal *et al.* (1988) avaliaram o teste IFA com os testes ELISA, IHA e Casoni, utilizando o antigénio HCF e o antigénio solúvel scolex. Verificaram que o ELISA era o teste mais sensível e específico (100%), seguido do teste IFA (86% de sensibilidade e 97% de especificidade), enquanto as outras técnicas eram menos sensíveis e específicas. Edelweiss *et al.* (1992) diagnosticaram um caso de glomerulonefrite membranosa do tipo imunocomplexo de grau I, em que os estudos de imunofluorescência (direta e indireta) e de imunoperoxidase revelaram depósitos glomerulares de antigénio hidático e do anticorpo correspondente. Trata-se, portanto, de uma técnica histológica qualitativa, mas de grande sensibilidade (Tarp *et al.*, 2000).

Muitos estudos deram grande atenção ao teste de anticorpos fluorescentes indirectos (IFAT) para o imunodiagnóstico de doenças parasitárias. O teste de anticorpos fluorescentes indirectos é o mais sensível dos procedimentos de serodiagnóstico padrão e pode ser utilizado tanto no soro como no sangue total colhido por punção do dedo e seco em papel de filtro (Anderson *et al.*, 1961).

2.9.2.5 Teste de imunoeletroforese (IEP)

O teste IEP foi desenvolvido por Capron *et al.* (1967). Baseia-se na difusão do anticorpo e do antigénio no gel para formar bandas de precipitação. Este teste é útil para a demonstração de anticorpos contra o antigénio 5 do fluido do quisto hidático. Este antigénio pode ser observado em aproximadamente 5-10% dos soros de cisticercose (Schantz e Gottstein, 1986). Kaddah *et al.* (1992) revelaram a presença do arc-5 caraterístico em 64,7% do grupo de hidatidose confirmado cirurgicamente, enquanto que estava ausente tanto no controlo negativo como nos grupos parasitados. Isto indica que o teste é altamente específico, mas a baixa percentagem de positividade limita a sua utilização no sero-diagnóstico da equinococose quística. A sensibilidade diagnóstica do PEI, ELISA e immunoblotting (IB) na deteção de anticorpos IgG para AgB em soros de doentes com equinococose quística foi comparada com outras doenças parasitárias, carcinomas do pulmão ou do fígado e controlos saudáveis. O IB apresentou a sensibilidade mais elevada (80%), seguido do ELISA (72%) e do IEP (31%). A sensibilidade do diagnóstico diminuiu significativamente à medida que os quistos amadureciam (Ortona *et al.*, 2000).

2.9.2.6 Ensaio de dupla difusão Arc-5 (DD5)

O teste DD5 é mais sensível do que o teste IEP, mas é igualmente específico e a sua maior simplicidade levou à sua seleção como método preferido para a demonstração do arc-5 em áreas endémicas *(Varela-Diaz e Coltorti, 1984)*. Verastegui *et al.* (1992) registaram que, embora o teste DD5 seja menos sensível e tenha uma maior percentagem de reacções cruzadas do que o teste EITB (enzyme linked immunotransfer blot), o teste DD5 pode ser mais adequado para a deteção da hidatidose nos países em desenvolvimento, porque é simples, necessitando de poucas infra-estruturas e formação para ser realizado. Também detectou casos não detectados pelo teste EITB. Manterola *et al.* (2005) efectuaram um estudo comparativo em que foram aplicadas as técnicas DD5, imuno-análise enzimática (ELISA-IgG) e imunoblot (IB) em 75 pacientes com equinococose quística.
Os resultados mostraram que o DD5 foi o mais específico, enquanto o ELISA-IgG e o IB foram mais sensíveis, mas a utilização combinada destes testes não melhora a validade do diagnóstico.

2.9.2.7 Ensaio de imunoabsorção enzimática (ELISA)

O ELISA tem sido a técnica que tem recebido mais atenção como método de imunodiagnóstico para várias infecções parasitárias. Este sistema baseia-se na reação de antigénios de Echinococcus ou anticorpos anti-Echinococcus ligados a uma matriz sólida com os seus homólogos, anticorpos ou antigénios circulantes, respetivamente, no soro do paciente (Schantz e Gottstein, 1986).

Lacona *et al.* (1980) registaram uma sensibilidade de 72,5% e 41% com o antigénio HCF bruto e o antigénio purificado, respetivamente. Também registaram 9,1% de resultados falsos positivos com o antigénio bruto, enquanto que com o antigénio purificado não obtiveram resultados falsos positivos. Dottorini *et al.* (1985) registaram uma sensibilidade que variou entre 36% e 38,2% com o antigénio scolex e 85% com o antigénio HCF, com 100% de especificidade para todos os antigénios. No entanto, Wattal *et al.* (1988) obtiveram uma sensibilidade e especificidade de 100%, independentemente do antigénio utilizado.

Sbihi *et al.* (2001) testaram a sensibilidade comparativa de seis testes serológicos e o valor de diagnóstico de ELISA utilizando antigénio purificado na hidatidose. O teste ELISA para IgG específica AgB (fração rica em antigénio B) foi o mais sensível (96,5%), enquanto os menos sensíveis foram o teste ELISA para IgE específica (24,1%) e o teste IEP (25,8%). Lawn *et al.* (2004) referiram que, embora o ELISA seja o principal teste serológico para o diagnóstico e acompanhamento, o resultado do teste raramente se torna negativo, mesmo após muitos anos, e mesmo naqueles cuja doença está aparentemente curada. Além disso, Stefanie *et al.* (2004) revelaram que os resultados positivos do ELISA necessitam de confirmação adicional devido a reacções falsas positivas e à reatividade cruzada com espécies de Taenia, tornando a especificidade limitada. El-Arousy e Ismail (2005) referiram que, para o diagnóstico da hidatidose cerebrospinal, recomenda-se a utilização do teste ELISA, que apresenta sensibilidades superiores às obtidas pelo PEI e pelo TIAI. Além disso, Dekumyoy *et al.* (2005) utilizaram o teste ELISA indireto como teste de rastreio negativo para a deteção de IgG para excluir a equinococose, utilizando um antigénio nativo da HCF.

2.9.2.8 Teste intradérmico (Casoni)

A provocação de uma reação de hipersensibilidade imediata após a injeção intradérmica de um

antigénio (teste cutâneo) tem sido utilizada como auxiliar de diagnóstico desde a sua introdução por Casoni em 1911. Os testes cutâneos têm sido amplamente utilizados para o imunodiagnóstico, mas com uma falta geral de consenso em relação ao antigénio,
volume de inóculo, e os critérios de interpretação. A inespecificidade é a principal limitação do teste (Varela-Diaz e Coltorti, 1974).

Gonlugur *et al.* (2005) referiram que uma reação cutânea imediata a antigénios hidatiformes brutos é mais útil do que a IHAT. Observaram que as sensibilidades da reação intradérmica imediata, da reação intradérmica retardada e da IHAT eram de 70%, 62% e 56%, respetivamente, enquanto as especificidades eram de 87%, 85% e 84%, respetivamente.

2.9.3 Reação em cadeia da polimerase (PCR):

O objetivo desta técnica é a amplificação de uma porção do ADN do parasita que normalmente contém informação útil para o diagnóstico. As técnicas de PCR foram desenvolvidas para detetar ácidos nucleicos de E. granulosus em amostras biológicas (Stefanie et al., 2004) e são cada vez mais aceites como uma ferramenta de diagnóstico complementar para a equinococose (Myjak et al., 2003). A PCR é independente do estado imunitário do paciente ou da história de infeção anterior, identificando assim infecções activas, particularmente em pacientes imunocomprometidos e no feto em desenvolvimento (Barker, 1990). Cabrera et al. (2002) avaliaram a amplificação por PCR para a identificação do ADN da oncosfera de E. granulosus e a diferenciação de ovos de outros taeniídeos, tendo demonstrado uma elevada sensibilidade e especificidade para a identificação de ovos de E. granulosus. Naidich et al. (2006) referiram a eficácia da PCR na deteção de infecções patentes e pré-patentes em cães infectados experimentalmente com E. granulosus, mesmo quando a observação microscópica dos ovos resultou negativa em amostras faciais. Assim, os métodos moleculares poderiam ser aplicados na confirmação de amostras feacais positivas para verificar o êxito dos programas de controlo.

2.9.4 Métodos não imunológicos (Técnicas de imagiologia)

2.9.4.1 Investigação por raios X:

O exame radiográfico mantém a sua aplicabilidade diagnóstica na equinococose quística pulmonar e, esporadicamente, na deteção de lesões calcificadas noutros locais (Ben-Musa *et al.*, 1990). Quando um quisto se rompe num brônquio e esvazia parcialmente o seu conteúdo, as membranas rompidas podem ser vistas a flutuar num nível líquido. Este achado foi descrito como o sinal do "nenúfar". Tem sido considerado patognomónico de equinococose quística pulmonar com rutura (Beggs, 1985). Quando o ar fica retido entre as duas camadas exteriores do quisto (o ectocisto e a adventícia), surge uma imagem radiolúcida em forma de crescente, imediatamente acima da sombra do quisto, que é designada por sinal do "crescente ou menisco". É o diagnóstico da doença hidática (Tsieh Sun, 1988).

2.9.4.2 Ultrassonografia (US)

As técnicas de imagiologia por ultra-sons são quase tão úteis como a tomografia computorizada (TC), com as vantagens adicionais de evitar a exposição à radiação, com os seus efeitos secundários, e do seu custo relativamente baixo (Schulze *et al.,* 1980). A ultrassonografia é 93%-98% sensível e 88% específica em áreas de elevada prevalência e é o procedimento de imagem preferido para programas de rastreio em massa (Caremani *et al.,* 1997).

A US mostra tipicamente quistos avasculares grandes caraterísticos que contêm estruturas internas consistentes com quistos filhos, que são quase patognomónicos da doença hidática e que devem ser distinguidos de coágulos sanguíneos na cavidade de quistos simples (Goldsmith *et al.,* 2005).

Carmona *et al.* (1998) descreveram uma recente classificação ecográfica da cisticecinococose abdominal, que inclui onze tipos de imagens ecográficas. Esta classificação permite uma melhor compreensão da involução natural e induzida pela terapêutica da doença cística hidática. Permite também escolher um tratamento racional e melhorar a avaliação da eficácia da terapêutica.

Ozkol *et al.* (2005) referiram que a US deve ser selecionada como teste primário em estudos de campo e que os testes serológicos devem ser realizados em todos os casos com lesões suspeitas.

El Fortia *et al.* (2006) relataram a especificidade da US no diagnóstico de cistos hidáticos pulmonares usando o sinal da parede, uma borda de camada dupla em cistos equinocócicos pulmonares univesiculares e septo interno de camada dupla em cistos equinocócicos pulmonares multi vesiculares.

2.9.4.3 Tomografia Axial Computorizada (TAC)

A tomografia axial computorizada é superior à US, oferecendo a possibilidade de inspecionar qualquer órgão, detetar quistos mais pequenos, medir as suas dimensões, localizar os quistos com precisão e diferenciar mais facilmente os quistos parasitários dos não parasitários (Gossios *et al.*, 1997). A US abdominal é um dos métodos mais antigos utilizados para o diagnóstico de quistos hepáticos hidáticos (Gharbi *et al.m* 1981), mas recentemente a TC e a ressonância magnética foram utilizadas especialmente no seguimento pós-operatório (Little *et al.*, 1988), pelo que Tekin *et al.* (2008) substituíram a técnica de ultra-sons, que era a principal ferramenta de diagnóstico no primeiro período (1985-1995), pela TC para o seguimento pós-operatório no segundo período (1995-2005).

2.9.4.4 Imagiologia de Ressonância Magnética (MRI)

A RM não é muito melhor do que a TC ou a US, exceto na avaliação de lesões residuais pós-cirúrgicas, recorrências e infecções extra-hepáticas, como infecções cardíacas, vertebrais e do SNC (Chang e Han, 1998).

A RM foi defendida por algumas autoridades e parece ser igual à TC em termos de caraterísticas de desempenho. A colangiopancreatografia por ressonância magnética não foi estudada na doença hepática hidática (Pockros e Capozza, 2005).

A ressonância magnética foi utilizada no diagnóstico da doença hidática pulmonar (Marani *et al.*, 1990; Singh *et al.*, 1999). A ressonância magnética (RM) foi indicada apenas para determinados locais, nomeadamente para o diagnóstico de quistos cerebrais, não fornecendo muita informação adicional para os locais pleuropulmonares e abdominais (Von Sinner, 1997; Ammann, 1996). Em Itália, Romano *et al.* (2008) relataram um caso de hidatidose multivesicular, pulmonar e cardíaca. As imagens de RM mostraram a localização anatómica exacta e a natureza multivesicular do quisto cardíaco e foram úteis no planeamento do tratamento cirúrgico.

2.10 Tratamento

O tratamento é geralmente limitado aos doentes com quistos que produzem sintomas ou que afectam os órgãos vitais do corpo. (Kasper *et al.*, 2005).

2.10.1 Cirurgia

A cirurgia é a opção de tratamento mais eficaz e as outras duas são a Punção, Aspiração, Injeção, Reaspiração (PAIR) e a quimioterapia, geralmente consideradas como opções suplementares ou alternativas em determinados casos (Ammann e Eckert, 1995).

A cirurgia é o tratamento de eleição para os quistos de grandes dimensões ou localizados superficialmente e susceptíveis de rutura ou que estejam infectados ou que ocorram em estruturas anatómicas vitais ou que exerçam um efeito de massa considerável (McManus *et al.,* 2003). O objetivo da intervenção cirúrgica é remover completamente o quisto sem permitir o derrame do seu conteúdo, pelo que não é adequada para doentes com múltiplos quistos em vários órgãos ou em áreas com falta de conhecimentos técnicos e infra-estruturas (McManus *et al.,* 2003). A recorrência ocorre em até 25% dos casos tratados cirurgicamente (Romig, citado em Ammann e Eckert, 1995), o que pode ser devido à remoção inadequada do cisto ou a cistos não identificados anteriormente (McManus *et al.,* 2003).

Tekin *et al.* (2008) concluíram que o tratamento cirúrgico utilizado nos casos de quisto hidático hepático, com quimioterapia, é a abordagem mais segura e eficaz.

Em Najaf, AL-Amran (2008) concluiu que a cirurgia continua a ser o principal tratamento da doença hidática pulmonar, devendo evitar-se, tanto quanto possível, procedimentos radicais como a pneumonectomia, a lobectomia e a segmentectomia.

2.10.2 A técnica de Punção, Aspiração, Injeção, Reaspiração (PAIR)

A técnica de Punção, Aspiração, Injeção, Reaspiração (PAIR) envolve a punção do quisto sob orientação de ultra-sons, a aspiração do líquido do quisto tanto quanto possível, a introdução de um agente protoscolicida no interior do quisto e a reaspiração do conteúdo do quisto após 15-20 minutos (Anon, 2001). A técnica de PAIR é adequada para pacientes com múltiplos quistos hepáticos de 5 cm ou mais de diâmetro e também para quistos recorrentes após a cirurgia, no entanto, está contra-indicada para quistos superficiais, inacessíveis, calcificados e comunicantes (McManus *et al.,* 2003). A PAIR combinada com quimioterapia produz uma forma eficaz de tratamento dos quistos hepáticos (Ammann e Eckert, 1995). Gargouri (1990) utilizou a técnica PAIR para tratar doentes com diferentes tipos de quistos hidáticos na Tunísia e obteve bons resultados em 70% dos doentes.

A técnica PAIR está indicada para os doentes que não podem ser submetidos a cirurgia e para os que recusam a cirurgia e têm quistos únicos ou múltiplos no fígado, cavidade abdominal, baço, rim e ossos (Moro e Schantz, 2008). A possibilidade de equinococose secundária resultante de derrame acidental durante este procedimento pode ser minimizada pelo tratamento concomitante com benzimidazóis; de facto, o tratamento combinado (PAIR com albendazol) pode produzir melhores resultados do que a quimioterapia ou a PAIR isoladamente (Khuroo, 1993).

2.10.3 Quimioterapia

Os carbamatos de benzimidazol (mebendazol, flubendazol, albendazol, fenbendazol) têm atividade anticestodal contra as fases larvares da hidatidose, sendo o albendazol e o mebendazol medicamentos de primeira linha para o tratamento médico da hidatidose (Mehlhom *et al.,* 2008).

Horton (1989) verificou que o tratamento com albendazol (800 mg por dia) resulta no desaparecimento de cerca de 48% dos quistos, tendo-se registado uma melhoria em mais 24%, e que o mebendazol (40-50 mg/kg/dia em três doses divididas) tem uma eficácia inferior à do albendazol. A combinação de albendazol com praziquantel tem maior eficácia do que albendazol isolado para o tratamento da equinococose cística no homem (Momahed *et al.,* citado em McManus *et al.,* 2003).

Horton (1989) e Kadir e Saaid (1997) estudaram a resposta dos quistos hidáticos ao albendazol e ao mebendazol, tendo verificado que a mistura de dois fármacos reduzia o tamanho e o número de quistos hidáticos em ratinhos e matava os escoliídeos in *vitro.*

Topuzlar *et al.,* (2008) afirmaram que a terapia médica era particularmente eficaz em quistos com um tamanho pequeno. O diâmetro médio dos quistos tratados com sucesso foi de 5,3 cm, ao passo que os quistos com mais de 7,3 cm de tamanho falharam o tratamento médico.

2.11 Imunidade do quisto hidático

A relação entre a EC e a imunidade do hospedeiro é um processo específico devido ao envolvimento a vários níveis do sistema imunitário, no que diz respeito à imunidade inata e específica, com a imunidade humoral e celular afetada pelo parasita (Kakkos et al., 2001).

2.11.1 Imunidade inata

Sabe-se muito pouco sobre os factores que afectam a suscetibilidade inata à infeção por *E. granulosus* e ao estabelecimento dos quistos primários. Alguns destes factores são a idade, o sexo e o estado fisiológico do hospedeiro (Rickard e Williams, 1982). Kanat *et al.*, (2004) descobriram que os quistos pulmonares isolados são mais comuns em crianças do que em adultos. Além disso, a sua frequência foi significativamente mais elevada nos rapazes (74%) do que nas raparigas (26%). A injeção de animais com oncosferas ou antigénios oncosféricos conferiu uma proteção superior a 90% a uma infeção de desafio (Osborne e Heath, 1982).

Permitiu o desenvolvimento de antigénios recombinantes a partir de oncosferas *de E. granulosus* que foram utilizados com êxito nos primeiros ensaios de vacinação em ovinos (Heath e Lawrence, 1996).

Nos hospedeiros que não foram recentemente expostos a ovos, verifica-se geralmente uma acumulação relativamente lenta de anticorpos após a infeção inicial (Rogan e Craig, 1997). As infecções iniciais podem estar associadas a uma resposta inflamatória celular significativa, uma vez que se regista uma leucocitose, principalmente de eosinófilos, linfócitos e macrófagos (Allen e Maizels, 1996).

As experiências in vitro também demonstraram que os neutrófilos, em associação com anticorpos, podem provocar a morte de oncosferas *de E. granulosus*, sugerindo um possível papel para as reacções de citotoxicidade mediadas por células dependentes de anticorpos (Fotiadis *et al.,* 1999). Além disso, nas fases iniciais da equinococose quística, os parasitas activam o complemento e, consequentemente, respostas inflamatórias dependentes do complemento. Ao diferenciar-se no quisto hidático, o parasita expõe a sua camada laminada ao hospedeiro, que não ativa fortemente o complemento (Ferreira *et al.,* 2000). As secreções das glândulas de penetração das oncosferas eclodidas e activadas de *E.granulosus* causam a lise dos tecidos do hospedeiro. Estas secreções podem proteger o parasita contra a resposta imunitária do hospedeiro enquanto a camada laminada se desenvolve (Holeman e Heath, 1997).

Uma vez que, geralmente, menos de 5% dos ovos produzem quistos numa infeção experimental em animais, os restantes não são suficientemente viáveis para causar uma infeção ou são mortos por aspectos das respostas imunitárias inata e adquirida (Pawlowski, 1997). A resistência a uma infeção de desafio existe em populações humanas onde a infeção é hiper endémica (Craig, 1993). Verificou-se que esses soros são capazes de provocar a morte de oncosferas in vitro (Rogan *et al.,* 1992). O mecanismo de destruição em tais situações de exposição repetida é provavelmente dependente de anticorpos e mediado pelo complemento. As classes de anticorpos envolvidas são principalmente IgG, embora o papel de outras classes de anticorpos, como IgE e IgA, não possa ser excluído na imunidade às oncosferas, principalmente a nível intestinal (Rogan e Craig, 1997).

2.11.2 Imunidade humoral

Nos seres humanos, é frequente a ocorrência de níveis elevados de anticorpos, particularmente dos isótopos de imunoglobulina G (IgG), IgM e IgE (Sterla *et al.,* 1999). O grau de resposta dos anticorpos pode estar relacionado com a progressão e o estado dos quistos hidáticos (Craig, 1997). Nos indivíduos seropositivos, há uma tendência para a predominância do reconhecimento do antigénio 5 e do antigénio B pelos anticorpos IgGl e IgG4, respetivamente (Wen e Craig, 1994). Quando os quistos crescem, o nível de IgG4 é elevado, enquanto a sua concentração diminui nos casos caracterizados por infiltração ou calcificação dos quistos. Isto indica que o anticorpo IgG4 está associada ao desenvolvimento cístico, ao crescimento e à progressão da doença. As respostas de IgGl, IgG2 e IgG3 ocorrem predominantemente quando os quistos são infiltrados ou destruídos pelo hospedeiro (Daeki *et al.*, 2000). Lawn *et al.* (2004) concluíram que a resposta de anticorpos IgG2 proporcionava a melhor correlação da atividade da doença. Craig *et al.* (1996) verificaram que um número significativo de casos (até 30%) era seronegativo para anticorpos circulantes específicos.

Craig *et al.* (1986) sugeriu que o antigénio circulante do parasita poderia estar a absorver anticorpos específicos e conseguiu detetar tanto o antigénio circulante (CAg) como complexos imunes em alguns indivíduos seronegativos. Foram registados complexos imunes circulantes (CIC) em doentes com doença hidática (Craig e Nelson, 1984).

É possível que, em alguns doentes, os complexos imunes se depositem nos rins, levando a uma glomerulonefrite membranosa secundária à doença hidática. No entanto, a nefropatia não é um achado comum nas infecções por hidátides (Vialtel *et al.*, 1981).

Também foi referido que, embora os níveis de anticorpos sejam frequentemente elevados durante a infeção por hidátide cística, não há provas de que os anticorpos específicos tenham um efeito direto contra o cisto maduro saudável, o que contrasta com a suscetibilidade da fase de oncosfera a danos mediados por anticorpos (Craig, 1997).

Em alguns casos humanos, foram registadas flutuações periódicas nos níveis de anticorpos que podem resultar em períodos de baixa atividade de anticorpos. Este padrão de resposta pode indicar que a produção de anticorpos durante o curso da infeção pode ser regulada, talvez através da libertação periódica de antigénio dos quistos e/ou da desregulação geral das células B através da atividade das células T auxiliares (Rogan e Craig, 1997). Estes últimos autores acrescentaram que todas as provas observadas relativamente aos níveis elevados de anticorpos IgGl, IgG4 e IgE e à eosinofilia frequente sugerem que a resposta imunitária a infecções estabelecidas é dominada por Th2. Rigano *et al.* (1998) sugeriram que a seronegatividade pode ser causada por uma ativação inadequada das células Th2, reduzindo assim a produção de citocinas Th2, incluindo a IL-5, a citocina primariamente implicada na expressão de imunoglobulinas na equinococose quística.

2.11.3 Imunidade celular

A infiltração celular também está envolvida na fase de estabelecimento, que inclui eosinófilos, neutrófilos, macrófagos e fibrócitos (Rigano *et al.*, 1996). No entanto, isto geralmente não resulta numa resposta inflamatória grave e os quistos envelhecidos tendem a ficar rodeados por uma camada fibrosa que separa a camada laminada do tecido hospedeiro. A membrana pericística permanece permeável aos nutrientes necessários para o crescimento do parasita, aos antigénios do parasita e às imunoglobulinas do hospedeiro, bem como aos anti-helmínticos (Pawlowski, 1997).

Foi sugerido que o eosinófilo evoluiu como uma eosinofilia e que a produção de níveis elevados de IgE é a defesa comum contra os estádios tecidulares dos parasitas que são demasiado grandes para serem fagocitados e que a reação dos mastócitos dependente de IgE evoluiu principalmente para localizar os eosinófilos perto do parasita e depois aumentar as suas funções antiparasitárias (Bell, 1996).

2.11.4 Produção de citocinas

Tal como outras infecções helmínticas, a equinococose induz dois padrões de secreção de citocinas Thl e Th2 muito distintos. As células Thl produzem IL-2, IFN-y e linfotoxina, enquanto as células

Th2 expressam IL-4, IL-5, IL-6 e IL-10. Em cultura de tecidos, os padrões das células Thl- e Th2- são bem definidos e estáveis. São geralmente inibidores cruzados. O IFN-y inibe a proliferação das células Th2-, enquanto a IL-10 inibe a síntese de citocinas Thl. Nas infecções por hidátides, ambos os perfis de populações celulares permanecem altamente expressos, pelo menos nos quistos que sobrevivem à resposta imunitária (Mosmann e Sad, 1996).

Níveis elevados de IL-4, IL-5, IL-6 e IFN-y são produzidos in *vitro* por células mononucleares do sangue periférico (PBMC) isoladas de indivíduos humanos infectados e estimuladas por antigénios HCF (Rigano *et al.,* 1999). Níveis elevados de citocinas foram também mensuráveis no soro de doentes com hidatidose com envolvimento dos pulmões e do fígado (Touil-Boukoffa *et al.,* 1998). Não se compreende por que razão a infeção por hidatidose pode induzir níveis elevados de citocinas Thl e Th2, uma vez que estas normalmente se regulam mutuamente. Pode dever-se à mistura muito complexa de antigénios na HCF, que provavelmente contém epítopos distintos para cada subconjunto de células T (McManus e Bryant, 1995). Riagno *et al.* (1995) verificaram que as PBMC estimuladas por antigénios segregavam níveis elevados de IL4 e IL10 e também de IFN-y em alguns casos humanos avançados. Interpretaram este facto como uma ativação das células Th2 com depressão simultânea de Thl ou ThO.

Riagno *et al.* (2001) demonstraram que o AgB da HCF desviava os rácios de citocinas Thl/Th2 para uma polarização Th2 preferencialmente associada à imunopatologia, predominantemente em doentes com doença progressiva. Além disso, os seus resultados confirmaram que o AgB desempenhava um papel na fuga à imunidade precoce, inibindo a quimiotaxia das células nucleares polimórficas. Acrescentaram também novas informações sobre a relação hospedeiro-parasita, sugerindo que o AgB inicia a ativação das células T helper, provocando uma resposta não protetora das células Th2.

O soro de doentes com quistos activos apresenta uma gama de concentrações de IL-6 (2-500 U/ml). O papel principal desta citocina é induzir a diferenciação das células B em células plasmáticas, contribuindo assim para o desenvolvimento de respostas humorais específicas ao antigénio (Van Snick, 1990). Rigano *et al.* (1995) verificaram que os doentes submetidos a quimioterapia com albendazol respondiam melhor ao tratamento quando possuíam um perfil de citocinas Thl mais dominante (IFN -y elevado, IL4 e IL 10 baixos) do que quando tinham um perfil mais do tipo Th2 (IFN- y baixo, IL4 e IL 10 elevados). Por conseguinte, poder-se-ia especular que uma resposta do tipo Thl na fase tardia da infeção poderia ser importante para matar o quisto, particularmente em associação com a quimioterapia (Rogan e Craig, 1997). Assim, a ativação das células Thl parece estar relacionada com a imunidade protetora (ou com a fase inativa da hidatidose) e a ativação das células Th2 com a suscetibilidade à hidatidose (ou com a fase ativa) (Rigano *et al.,* 2004). Além disso, Rigano *et al.* (1999) verificaram que a expressão do ARNm do IFN- y e do TNF-a estava aumentada nos doentes que responderam à terapêutica e diminuía nos doentes que não responderam.

2.12 Antigénios dos quistos hidáticos

O fluido do quisto hidático (HCF) é rico em antigénios. É uma mistura complexa de glicoproteínas e lipoproteínas, hidratos de carbono e sais. Alguns dos seus componentes provêm do hospedeiro (principalmente albumina e imunoglobulinas), sendo os restantes produtos resultantes da atividade metabólica do metacestode. A HCF foi considerada a principal fonte antigénica para o imunodiagnóstico do equinococo quístico humano. A sua análise revelou a presença de antigénios do parasita partilhados com outros helmintas, bem como de componentes do soro do hospedeiro (Schantzetal.,1980). A imunoeletroforese das FCH revelou mais de 10 antigénios distintos de origem parasitária (Castagnari e Pozzuoli, 1969).

Estudos aprofundados centraram-se nos antigénios da HCF como fonte de material antigénico para o imunodiagnóstico. Para as práticas clínicas, a HCF bruta tem uma sensibilidade elevada, variando tipicamente entre 75% e 95% (Zhang *et al.,2003)*. A sua especificidade é frequentemente insatisfatória e a reatividade cruzada com soros de pacientes infectados com outras espécies de cestodes (89%), nemátodos (39%) e tremátodos (30%) é frequentemente observada (Eckert e Deplazes, 2004). Por este motivo, a HCF bruta foi especialmente recomendada para o rastreio serológico em massa, e componentes como o antigénio B das lipoproteínas e o antigénio 5, os componentes mais relevantes da HCF, são frequentemente purificados para fins de diagnóstico (Jenkins, 2001).

Sanchez *et al.* (1993) utilizaram anti-soros monoespecíficos de coelho obtidos através de imunização experimental com proteínas previamente purificadas, na localização ultra-estrutural de dois antigénios do fluido hidático; antigénio B e antigénio 5, em cápsulas de cria e protoscolices de *E. granulosus* de origem humana. A reação foi evidente na região conectiva da membrana germinativa e no parênquima dos protoscolos.

Embora AgB e Ag5 fossem os antigénios mais bem caracterizados para fins de diagnóstico, outros componentes da HCF foram avaliados em testes serológicos por diferentes grupos de investigação. Al Yaman e Knobloch (1989) identificaram uma proteína de 48 kDa (Eg48) que proporcionou uma sensibilidade e especificidade de diagnóstico de 100% e 82%, respetivamente. Noutro estudo, Kanwar *et al.* (1992) relataram o reconhecimento por imunobloting de um componente de 116 kDa com elevado desempenho de diagnóstico que, em condições de redução, se dissocia em subunidades de 75, 66 e 45 KDa.

Al-Mosa (2001), na província de Al-Najaf, isolou quatro tipos de antigénios (antigénio do fluido hidático de ovinos inteiro, antigénio de lipoproteínas, antigénio de proteínas globulares e antigénio de polissacáridos) do fluido hidático de ovinos e a sua eficácia foi investigada no diagnóstico de casos clínicos de hidatidose utilizando o teste de hemaglutinação indireta. Aslan *et al.*, (2009) mencionaram uma série de moléculas antigénicas *de E. granulosus*, incluindo Eg 95, EgA31, fator alongado b/d, ciclofilina, EpCl, HSP70, EgTeg e TPx. Um estudo demonstrou que os componentes antigénicos de 27 e 94 kDa de extractos brutos de protoscolex foram especificamente identificados por 95 % e 62 % dos soros de cães infectados experimentalmente com *E. granulosus,* respetivamente (Gasser *et al.*, 1989 e 1992).

2.13 Evasão imunitária

O tempo de vida dos quistos hidáticos de *E. granulosus* nos seres humanos pode chegar aos 53 anos. A capacidade do parasita de sobreviver durante tanto tempo com o potencial de resistir à imunidade implica que o parasita possui estratégias para subverter ou evitar respostas imunitárias protectoras. Teoricamente, existem dois tipos de mecanismos para subverter a resposta imunitária do hospedeiro: Fuga passiva, em que o parasita evita os efeitos nocivos de uma resposta imunitária; e imunomodulação, que é uma interação ativa com o sistema imunitário para reduzir o impacto de uma resposta ao parasita (Riffkin *et al.*, 1996).

Para além disso, uma caraterística importante do metacestode de *E. granulosus* é a formação de duas cápsulas: Uma é a cápsula laminada acelular derivada do quisto e a outra é a cápsula fibrosa do hospedeiro. Estas estruturas protegem o parasita tanto fisicamente como do ataque imunitário (Zhang *et al.*, 2003).

O mecanismo de fuga do parasita do sistema imunitário do hospedeiro e os efeitos sobre o sistema imunitário do hospedeiro estão ainda a ser investigados (Riffkin *et al.*, 1996; Cabezon *et al.*, 2008). Siracusano *et al* (2012) concluíram que o quisto hidático segrega e expõe numerosas moléculas imunomoduladoras ao sistema imunitário do hospedeiro. A calreticulina (CRT) causa infecções persistentes e foi expressa a partir da camada germinativa do quisto e dos proto-colecos e foi sugerido que a CRT tem alguns efeitos na infecciosidade do proto-colecos (Cabezon et al., 2008).

Aslan *et al* (2009) sugeriram que os mecanismos de imunidade humoral e celular podem ser afectados pela síntese de proteínas como a CRT.

Também estudou e avaliou o papel das moléculas parasitárias do helminto *E. granulosus* e também avaliou a ligação entre os efeitos imunomoduladores destas moléculas e a etiopatogénese da autoimunidade do hospedeiro.

2.14 Autoimunidade

O sistema imunitário diferencia entre antigénios próprios e não próprios e elimina principalmente os linfócitos auto-reactivos. A falha de qualquer um dos mecanismos envolvidos no auto-reconhecimento e na eliminação ou na regulação negativa dos clones auto-reactivos pode resultar em autoimunidade. Em geral, as doenças auto-imunes podem ser desencadeadas por várias causas, como a modificação de auto-antigénios, a libertação de auto-antigénios sequestrados na circulação ou devido à reação cruzada com antigénios estranhos (Baron *et al.,* 1996; Womenshealth.gov, 2005).

Tozzoli *et al.* (2008) salientaram que os antigénios estranhos, como bactérias, vírus e parasitas, que reagem de forma cruzada com antigénios próprios, podem aumentar ou iniciar qualquer um dos mecanismos acima referidos.

Em alguns tipos de doenças auto-imunes (como a febre reumática), uma bactéria ou um vírus desencadeia uma resposta imunitária e os anticorpos ou as células T atacam as células normais porque estas têm uma parte da sua estrutura que se assemelha a uma parte da estrutura do microrganismo infetante (Gandhi, 2004).

Pender (2003) afirmou que a relação entre as infecções e a autoimunidade é complexa, mas os dados actuais sugerem que os micróbios podem iniciar e aumentar a autoimunidade, pelo que a infeção pode atuar como um gatilho ambiental que induz ou promove doenças auto-imunes em indivíduos geneticamente predispostos.

Kaufmann (1994) sugeriu que as proteínas hsp70 da *E. granulosis* têm uma semelhança de epítopo com a proteína de choque térmico hsp 70 do hospedeiro e podem desempenhar um papel no desencadeamento da autoimunidade com base neste mimetismo antigénico.

Girelli *et al.* (1993) observaram o desenvolvimento de anemia hemolítica autoimune devido à aglutinina fria IgM, em pacientes com doença hidática, sugerindo que os antigénios parasitários podem evocar anticorpos que reagem de forma cruzada com os glóbulos vermelhos do hospedeiro.

Al-Asady (2009) referiu que os auto-anticorpos anti-nucleares foram detectados numa grande variedade de doenças parasitárias, como a malária, a esquistossomose e a leishmaniose. Num estudo realizado na Universidade de Kuffa no departamento de microbiologia da faculdade de medicina por A'aiz (2010), que estudou o efeito da toxoplasmose na produção de auto-anticorpos através de cinco marcadores.

Um dos métodos mais importantes utilizados na identificação de doenças auto-imunes é a deteção de auto-anticorpos (Pollard, 2006).

Aslan *et al.* (2009), no seu estudo sobre a doença do quisto hidático, detectaram a presença de ANA (anticorpo anti-nuclear), ASMA (anticorpo anti-músculo liso) e AMA/LKM (anticorpo anti-mitocondrial/anticorpo microssomal do fígado e rim) e ASMA (anticorpo anti-músculo liso), que eram conhecidos como parâmetros auto-imunes, e investigaram-nos utilizando anticorpo fluorescente indireto (IFA).

CAPÍTULO 3

Materiais e métodos

3.1 Os doentes

Este estudo foi realizado em 74 doentes (32 do sexo masculino e 42 do sexo feminino) que foram selecionados e em 18 pessoas aparentemente saudáveis como grupo de controlo, quando frequentavam o Al-Sadder Medical City, o AL Manathera General Hospital, o AL-Ghadeer Private Hospital, o AL-Ameer Private Hospital e o Al-Najaf Private Hospital na província de Al-Najaf de dezembro de 2010 a junho de 2011. Os doentes foram divididos em 2 grupos (grupo não operado e grupo operado), bem como em grupo de controlo.

Grupo A: 54 pacientes (pacientes não operados).

Grupo B: 20 pacientes (pacientes operados).

Grupo C: 18 pessoas saudáveis como grupo de controlo.

3.2 Ficha de informação

Foi recolhida uma história cuidadosa de cada grupo do estudo. Todos estes casos foram examinados e definidos como clinicamente portadores de quisto hidático por cirurgiões e submetidos a exames por técnicas de imagiologia (ultra-sons, ressonância magnética, raios X), de acordo com a folha de dados (Anexo: Quadro 3.1).

3.3 Recolha de amostras

3.3.1 Amostras de soro: De cada indivíduo, foram colhidos cinco ml de sangue venoso de cada doente e pessoa saudável para recolher o soro, que foi dividido em 3 alíquotas e armazenado a -20°C para processamento posterior.

3.3.2 Amostras de tecido do fígado, rim e estômago como substrato: Foram colhidas amostras de tecido hepático, renal e estomacal de ratos brancos *(Mus muscuius,* Balb/C) aparentemente saudáveis, que foram conservadas com solução salina normal em recipientes de plástico esterilizados e transferidas imediatamente para a unidade histopatológica em Al -Sadder Medical City, tendo sido depois efectuadas secções de tecido e fixadas nestes órgãos.

3.3.3 Amostra de tecido adventício de saco hidático como substrato

A amostra de tecido adventício foi retirada do saco hidático após a remoção cirúrgica e mantida com solução salina normal em recipientes de plástico estéreis e transferida imediatamente para a unidade histopatológica em Al -Sadder Medical City para efetuar a secção e fixação do tecido.

3.3.4 Amostra de larvas de *E. granulosus* como substrato:

A amostra de larvas foi colhida do líquido e da camada germinal do fígado de ovinos infectados com a doença do quisto hidático. A larva foi fixada em lâminas por esfregaço de fluido fértil de acordo com o método de Papanicolau.

3.4. Equipamentos e instrumentos:

Quadro (3.1): Os equipamentos e as prestações

Equipment & Instrument	Manufacturer/ State
Disposable gloves	Troge/ Germany
Disposable plain tubes (10 ml)	AFCO/ Jordan

Disposable syringes (5 ml) (10ml)	Medco/ U.A.E
Filter papers	Machrey- Nagel/ Germany
Beakers (100, 250, 300, 500 and 1000) ml	Iwaki glass/ Japan
Volumetric flasks (100, 250, 500 and 1000) ml	MARIENFELD/ Germany
Micropipette (20-100 µl and 100-1000 µl)	Salmed/ Germany
Centrifuge	Hettich/ Germany
ELISA apparatus (ELX 800)	Biokit/ Spain
Immunfluorescence microscope	Zeiss/ Germany
Lab. Timer device	HEVER/ Switzerland
Compound light microscope	Olympus/ Japan
Slides and cover slides	SAIL BRAND/ China
Distillator	GFL/ Germany
Fumme Hood	SHINSAENG/ KOREA
Eppendorf tubes (1 ml)	LP-ITALIANA- SPA/ Italy
Refregerator	Ishtar/ Iraq
Deep freezer (-70° C)	Concord/ Lebanon
Cryostat frozen	Thermo /England

3.5 Os materiais químicos

Tabela (3.2): Materiais químicos

Type of Chemical	Manufacturers Name
Absolute Ethanol (95 %)	BDH
Absolute ether (95 %)	BDH

Zylol (70 %)	
Ether (70 %)	

3.6 Os kits

Quadro (3.3): Kits de diagnóstico

Kit	Manufacturer/ State
Anti –*Echinococcus granulosus* IIFA (IgA,IgG or IgM)	EUROIMMUN, Germany
Kit of enzyme linked immunosorbent assay for *Echinococcus granulosus*.	DIAGNOSTIC AUTOMATION,INC, USA
Kit of Immunochromatographic test .	VIRAPID HYDATIDOSIS, VIRCELL,SPAIN
Indirect immunofluorescence assay of *Echinococcus granulosus* autoantibodies (manual made)	IRAQ AL-NAJAF
Indirect immunofluorescence assay of larval fixation slides of *Echinococcus granulosus*. (manual made)	IRAQ AL-NAJAF
Indirect immunofluorescence assay of adventitial section of *Echinococcus granulosus*. (manual made)	IRAQ AL-NAJAF

3.6.1 . Ensaio de imunofluorescência indireta *Anti-Echinococcus granulosus* IFA (IgA, IgG ou IgM).

Foi utilizado para a determinação qualitativa de anticorpos no soro de doentes com doença de quisto hidático (EUROIMMUN, Alemanha).

3.6.2Kit de ensaio de imunoabsorção enzimática para Echinococcus granulosus

Foi utilizado para a determinação qualitativa de anticorpos no soro de doentes com cisto hidático (IgG) (DIAGNOSTIC AUTOMATION, INC, EUA).

3.6.3Kit de teste imunocromatográfico.

Foi utilizado para a deteção qualitativa de anticorpos totais contra *Echinococcus granulosus* em amostras de soro/ plasma. 25 testes.

(HIDATIDOSE VÍRPICA, VIRCELL, ESPANHA)

3.6. 4Ensaio de imunofluorescência indireta para deteção de auto-anticorpos em doentes com doença do quisto hidático (kits preparados manualmente)

Foi utilizado para a determinação qualitativa de auto-anticorpos no soro de pacientes com doença do quisto hidático.

3.6.4.1Fabricação de lâminas de ensaio de imunofluorescência indireta prontas.

Este kit foi realizado da seguinte forma:

1-Rato branco foi retirado {*Mus musculus,* Balb/C) da casa dos animais da Faculdade de Veterinária da Universidade de Kufa.

2-Os ratos foram dissecados depois de mortos sob anestesia com éter al-álcool (95%) por inalação.

3-Os seguintes órgãos, fígado, rim e estômago, foram retirados e mantidos com soro fisiológico em recipientes de plástico esterilizados e transferidos imediatamente para a unidade histopatológica da cidade médica de Al- Sadder.

4-Ao utilizar o crióstato, cada tecido foi colocado em lâminas individualmente e fixado com xilol (75%) durante 5-10 minutos e depois com etanol (75%) durante 5-10 minutos.

Os tecidos 5-A11 foram conservados no frigorífico até à sua utilização.

Foram utilizados soros 6-A11 no procedimento de imunoflorescência indireta, que foram previamente colhidos de doentes suspeitos de doença hidática e diagnosticados por (raios X, ultra-sons, cirurgia)

7-O procedimento de imunoflorescência indireta foi utilizado com lâminas.

3.3.1.1 Princípio de teste

O método de diagnóstico de alguns auto-anticorpos depende dos tipos de tecidos, especialmente quando estes são utilizados como substratos. Por exemplo, para a pesquisa de anticorpos anti-mitocondriais (AMA), o rim será selecionado como substrato; mas para a pesquisa de anticorpos microssomais hepáticos/renais (LKM), os tecidos do fígado e do rim serão selecionados. Ao mesmo tempo, para a pesquisa de um anticorpo anti-nuclear (ANA), este pode ser encontrado em todos estes tecidos, mas o HEP-2 é considerado como o melhor substrato para o (ANA). O tecido do estômago é considerado um substrato múltiplo para vários auto-anticorpos, como os anticorpos das células parietais e os anticorpos do músculo liso.

3.3.1.2 Conteúdo do sistema de ensaio

De acordo com o kit de ensaio de imunofluorescência indireta da EUROIMMUN Company, Alemanha.

3.3.1.3 Procedimento :

De acordo com o kit de ensaio de imunofluorescência indireta da EUROIMMUN Company, Alemanha.

3.3.1.4 Interpretação dos resultados

3.3.1.4.1 Padrão de anticorpos anti-nucleares:

Qualquer padrão fluorescente no núcleo foi considerado positivo e a ausência de coloração é negativa.

3.3.1.4.2 Padrão de anticorpos anti-células parietais:

Os resultados positivos das células parietais mostram uma fluorescência granular a aglomerada, e as áreas circundantes são normalmente escuras.

3.3.1.4.3 Padrão de anticorpos anti-mitocondriais

Os resultados positivos do anticorpo anti-mitocondrial mostram uma fluorescência granular fina e uniforme no citoplasma da célula, com a região circundante a apresentar uma reação (mais fraca).

3.3.2 **Ensaio de imunofluorescência indireta da camada anti-germinal de *Echinococcus granulosus* IFA (IgA, IgG ou IgM)**

(Kits preparados manualmente)

Foi utilizado para a determinação qualitativa de anticorpos no soro de doentes com doença do quisto hidático.

3.3.2.1 Fabricação de lâminas preparadas para o ensaio de imunofluorescência indireta.

Estes diapositivos foram feitos da seguinte forma:

1- - Pequenos pedaços de adventícia (camada germinal) do saco hidático foram retirados após a remoção cirúrgica de um doente com doença de quisto hidático.

2- Estas peças foram mantidas com solução salina normal num recipiente de plástico esterilizado e transferidas imediatamente para o departamento de histopatologia.

3- Utilizando o crióstato, o tecido foi colocado em lâminas e fixado com xilol (75%) durante 5-10 minutos e depois com etanol (75%) durante 5-10 minutos.

4-Conservam-se no frigorífico até à sua utilização.

5- Todos os soros foram utilizados no procedimento de imunoflorescência indireta, tendo sido previamente colhidos de doentes com suspeita de doença hidática e diagnosticados por (raios X, ultra-sons, cirurgia)

6- Foi utilizado o procedimento de imunoflorescência indireta com lâminas.

3.3.2.2 Conteúdo do sistema de ensaio:

1. As lâminas foram feitas manualmente e revestidas com adventícia de secções congeladas *de Echinococcus granulosus.*
2. IgG anti-humana (cabra) ligada à fluoresceína, pronta a utilizar.
3. Controlo positivo: anticorpos contra *Echinococcus granulosus,* humanos (IgG), prontos a usar.
4. Controlo negativo: anti- *Echinococcus granulosus* negativo, humano, pronto a usar.
5. Sal para tampão fosfato salino (PBS) pH 7,2.
6. entre 20.
7. Meio de incorporação, pronto a utilizar .
8. Copos de cobertura.
9. Manual de instruções.

3.3.2.3 Princípios de teste:

Uma secção congelada de adventícia de *Echinococcus granulosus* cobrindo as áreas de reação da lâmina foi incubada com amostras diluídas de doentes. Se a reação for positiva, os anticorpos específicos das classes IgA, IgG e IgM ligam-se aos antigénios *do Echinococcus granulosus*. Numa segunda fase, os anticorpos ligados foram corados com anticorpos anti-humanos marcados com fluoresceína e tornados visíveis com um microscópio de fluorescência.

3.3.2.4 Procedimento

De acordo com o kit de ensaio de imunofluorescência indireta da EUROIMMUN Company, Alemanha.

3.3.2.5 Avaliação

Padrão de fluorescência (reação positiva): Se a amostra contiver anticorpos contra a camada germinal *do Echinococcus granulosus*, todas as estruturas da camada germinal do Echinococcus são fluorescentes. Se um soro não contiver anticorpos contra a camada germinal *do Echinococcus granulosus*, é quase completamente escuro.

3.3.3 Ensaio de imunofluorescência indireta da fase anti-larvar (protoscoleces) de *Echinococcus granulosus* IFA (IgA, IgG ou IgM).

Foi utilizado para a determinação qualitativa de anticorpos no soro de doentes com doença de quisto hidático (EUROIMMUN, Alemanha).

3.3.3.1 Lâminas de fabrico do ensaio de imunofluorescência indireta pronto a usar .

Estes diapositivos foram feitos da seguinte forma:

1- Coleção de saco hidático:

Os sacos hidáticos foram colhidos de ovelhas infectadas (fígado infetado) naturalmente com a doença do quisto hidático do matadouro de Najaf, colocados em recipientes limpos e transportados para o laboratório da Faculdade de Medicina da Universidade de Kufa.

2- Isolamento de protoscolisões :

De acordo com o método de Al-Omoran *et al.* (1995), foi utilizado para a recolha da protoscolis. A superfície do saco hidático foi esterilizada com álcool etílico numa concentração de 70% e, em seguida, o fluido foi extraído com seringas de plástico depositáveis com uma capacidade de 10-20 cm3 , de acordo com o tamanho do saco, em condições estéreis, e o fluido foi colocado em tubos de ensaio esterilizados e a protoscolése foi separada do seu fluido por centrifugação a uma velocidade de 1500 r/min durante três minutos.

Também se recolheu a protoscolése da camada germinal, que foi lavada com solução salina normal estéril depois de separada do saco. A protoscolése foi recolhida da camada germinal, que foi lavada com solução salina normal estéril depois de separada do saco. A protoscolése foi recolhida nos tubos estéreis e depositada por centrifugação após lavagem três vezes seguidas e a protoscolése foi suspensa em solução salina normal.

3.6.6.2 Preparação das lâminas pelo método de Papanicolaou

1. O esfregaço foi feito a partir da suspensão de larvas, adicionando uma gota à lâmina de cada doente infetado com a doença do quisto hidático.
2. As lâminas foram deixadas a secar e depois fixadas em partes iguais de etanol a 95% e éter durante 5-15 minutos.
3. Todas as lâminas foram conservadas no frigorífico até à sua utilização.
4. Todos os soros foram utilizados no procedimento de imunoflorescência indireta, tendo sido previamente colhidos de doentes com suspeita de doença hidática e diagnosticados por (raios X, ultra-sons, cirurgia)
5. Foi utilizado o procedimento de imunoflorescência indireta com esfregaço fixado.

3.6.63 Conteúdo do sistema de ensaio:

1. As lâminas foram preparadas manualmente e revestidas com um esfregaço de suspensão de larvas.
2. IgG anti-humana (cabra) ligada à fluoresceína, pronta a utilizar.
3. Controlo positivo: anticorpos contra *Echinococcus granulosus,* humanos (IgG), prontos a usar.
4. Controlo negativo: anti- *Echinococcus granulosus* negativo, humano, pronto a usar.
5. Sal para tampão fosfato salino (PBS) pH 7,2.

6. entre 20.
7. Meio de incorporação, pronto a utilizar .
8. Copos de cobertura.
9. Manual de instruções.
10. **.6.4 Princípios de ensaio**

Um esfregaço da forma larvar de *Echinococcus granulosus* cobrindo as áreas de reação da lâmina foi incubado com amostras diluídas de pacientes. Se a reação for positiva, os anticorpos específicos das classes IgA, IgG e IgM ligam-se aos antigénios *do Echinococcus granulosus*. Na segunda etapa, os anticorpos ligados foram corados com anticorpos anti-humanos ligados à fluoresceína e tornados visíveis com um microscópio de fluorescência.

11. **.6.S Procedimento:**

De acordo com o kit de ensaio de imunofluorescência indireta da EUROIMMUN Company, Alemanha.

12. **.6.6 Avaliação**

Padrão de fluorescência (reação positiva): Se os anticorpos contra a forma larvar de Echinococcus granulosus estiverem presentes na amostra, toda a estrutura da forma larvar fluoresce (observou-se uma coloração intensa de toda a larva).

Se um soro não contiver anticorpos contra a forma larvar de *Echinococcus granulosusa*, a forma larvar de Echinococcus é quase completamente escura.

3.7 Estatísticas

Os dados foram calculados e testados estatisticamente de acordo com a distribuição do qui-quadrado (X) e a distribuição do qui-quadrado de Yates (X), tendo o valor P sido calculado da seguinte forma

Valor de $p > 0,05$ (Os dados não são estatisticamente significativos)

Valor de $p < 0,05$ (Os dados são estatisticamente significativos)

Valor de $p < 0,005$ (Os dados são estatisticamente muito significativos).

Sensibilidade=a/ (a+c)

Especificidade=d/ (b+d)

Valor preditivo positivo = a/(a+b).

Valor Preditivo Negativo = d/(c+d) (Daniel,2005).

CAPÍTULO 4

Resultados

4.1 Primeira parte: Distribuição da doença do quisto hidático.

4.1.1 Distribuição dos doentes com quisto hidático de acordo com as intervenções cirúrgicas.

Um total de 74 doentes com hidátide foram submetidos a operações cirúrgicas nos hospitais de Najaf, tendo o hospital universitário AL-Sadder registado o maior número (63) de operações cirúrgicas em comparação com os outros hospitais. (Quadro 4.1).

Tabela -4.1: Distribuição das operações cirúrgicas de quisto hidático nos hospitais de Najaf.

Hospital	No. of surgical operation of hydatid cyst disease
AL- Sadder Teaching Hospital	63
AL -Manathera General Hospital	5
AL- Ghadeer Private Hospital	3
AL- Ameer Private Hospital	2
Al –Najaf Private Hospital	1

4.1.2 Distribuição dos doentes com quisto hidático de acordo com a utilização dos instrumentos de diagnóstico convencionais.

Foram utilizados quatro instrumentos de diagnóstico para detetar a doença do quisto hidático num total de 74 doentes, tendo 71 casos sido diagnosticados por radiografia, enquanto um caso foi diagnosticado por secção de tecido (Quadro 4.2).

Tabela -4.2: Distribuição dos doentes com quisto hidático de acordo com a utilização dos instrumentos de diagnóstico convencionais.

diagnostic tools	number of patients
X- Ray	71
ultrasound	63
MRI	8
Tissue section	1

4.1. 3Distribuição do quisto hidático de acordo com os órgãos.

Verificou-se o envolvimento de vários órgãos com quisto hidático. O fígado e o pulmão foram os locais mais comuns (52,70%, 48,64%), respetivamente, e foram detectados dois casos de quisto hidático no útero e em cada rim. Foi encontrado um caso em cada coração e cérebro. (Tabela 4.3 e Figura 4.1).

Tabela -4.3 : Localizações do quisto hidático de acordo com o órgão.

Site of cyst	No. of infection	Percentage(%)
Liver	39	48.15

Lung	36	44.45
Kidney	2	2.4
Uterus	2	2.4
Heart	1	1.3
Brain	1	1.3

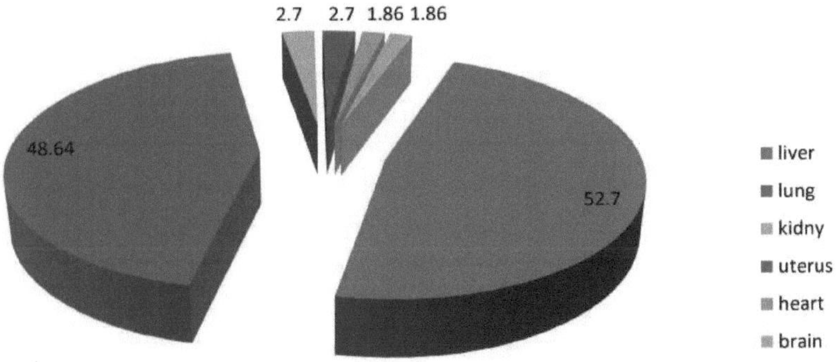

Figura (4.1): Localização do quisto hidático de acordo com os órgãos

4.2 Distribuição da infeção única com a doença do quisto hidático.

4.2.1 Distribuição do quisto hidático único de acordo com a idade e o sexo.

A percentagem alta e baixa de doença hidática nas mulheres situava-se principalmente na quarta e oitava décadas (36,48%, zero %), respetivamente, enquanto a percentagem alta e baixa nos homens se situava na quarta e sétima décadas (14,86%, zero %), respetivamente. (Quadro 4.4).

Tabela -4.4: Distribuição dos doentes com quisto hidático de acordo com a idade e o sexo.

Age(years)	Male NO. %	Female NO. %	Total	%
Less than 10	3 4.05	2 2.70	5	6.76
10- 19	1 1.35	6 8.10	7	9.46
20-29	4 5.40	7 9.45	11	14.85
30 - 39	11 14.86	16 21.62	27	36.50
40 – 49	7 9.45	5 6.75	12	16.22
50 -59	5 6.75	3 4.05	8	10.8
60-69	0 0	3 4.05	3	4.06

More than 70	1 1.35	1	0.0	1	1.35
Yates $X^2 = 2.712$ df = 7 P = 0.91					

4.2.2 Distribuição de um único quisto hidático em diferentes órgãos

O envolvimento de um único órgão foi demonstrado em 67 (91,54%) doentes de acordo com a infeção única. (Tabela 4.5).

Tabela -4.5: Localização da infeção única do quisto hidático em diferentes órgãos.

Site of cyst	No. of single infection	Percentage(%)
liver	34	50.75
lung	29	43.29
Kidney	2	2.98
Heart	1	1.49
Brain	1	1.49

4. 3Distribuição de quistos hidáticos múltiplos em órgãos individuais.

4.3.1 Distribuição de quistos hidáticos múltiplos em órgãos individuais de acordo com o sexo e a idade.

Foram registados casos de infeção múltipla num único órgão em 5 (6,75%) doentes, de acordo com o sexo e a idade (Quadro 4.6).

Tabela - 4.6: Localização da infeção múltipla do quisto hidático em órgãos individuais de acordo com o sexo e a idade.

Age (years)	Sex of patients	Liver	Lung	Uterus	Total
10-19	M	0	0	0	zero
	F	0	1	0	1
20-29	M	0	0	0	zero
	F	1	1	0	2
40-49	M	1	0	0	1
	F	0	0	0	zero
50-59	M	0	0	0	zero
	F	0	0	1	1
Total		2	2	1	5
Percentage (%)		2.70	2.70	1.35	6.75

4.3.2Distribuição de infecções múltiplas em múltiplos órgãos de acordo com o sexo e a idade

Em dois (2,70 %) doentes foi registada uma infeção múltipla de quisto hidático em vários órgãos. (Tabela 4.7).

Tabela -4.7 : Localização da infeção múltipla do quisto hidático em vários órgãos de acordo com o sexo *e a idade.*

Age (years)	Sex of patients	Liver and lung	total
Less than 10	M	1	1
	F	0	zero
50-59	M	0	zero
	F	1	1
Total		2	2
Percentage(%)		2.70	2.70

4.4 Distribuição do quisto hidático nos órgãos de acordo com o tamanho do saco.

O tamanho maior (12x19, 13x10) cm foi registado no fígado e no pulmão, respetivamente, enquanto o tamanho menor (2x3) cm foi registado no coração (Quadro 4.8).

Tabela -4.8 : Intervalo de tamanho do quisto hidático em diferentes órgãos .

Organ	Size Range / Cm Low	high
Liver	3×4	12×19
Lung	3×2	13×10
Kidney	6×5	9×8
Uterus	4.5×4.5	5×6
Brain	4×6	
Heart	2×3	

4.5Distribuição do cisto hidático de acordo com a ocupação.

4.5.1 Distribuição dos doentes com quisto hidático de acordo com o número de quistos e a sua profissão.

O estudo revelou que 67 (90,54%) doentes apresentavam um único quisto e 7 (9,46%) doentes apresentavam dois quistos. As donas de casa foram mais afectadas pela doença hidática (52,70%), enquanto as crianças foram menos afectadas (2,70%) em comparação com as outras profissões. (Tabela 4.9).

Tabela-4.9: Número de doentes com quisto hidático de acordo com o número de quistos e a sua profissão.

No. of cyst	Number of patient occupation						Total	%
	Official	housewives	Laborer	Student	employer	Children		
1	7	34	5	4	15	2	67	90.54

2	0	5	o	1	1	0	7	9.46
Total	7	39	5	5	16	2	74	
Percentage(%)	9.45	52.70	6.76	6.75	21.64	2.70	100	
Yates X^2 = 0.808 df = 5 P = 0.976								

4.6Distribuição do quisto hidático de acordo com as regiões.

A infeção por quisto hidático nas regiões urbanas e rurais mostrou que a percentagem mais elevada se encontrava nas regiões rurais (60,82%) em comparação com as regiões urbanas (39,18%), de acordo com a idade e o sexo. (Tabela 4.10). (Tabela 4.11).

Tabela -4.10: número de infecções por hidátide nas regiões urbanas e rurais de acordo com a idade.

Age years	urban	Rural	Total
Less than 10	1	4	5
10-19	2	5	7
20-29	7	4	11
30- 39	8	19	27
40-49	6	6	12
50-59	3	5	8
60-69	1	2	3
More than 70	1	0	1
Total	29	45	74
Percentage (%)	39.18	60.82	100
Yates X^2 = 3.202 df = 7 P = 0.86			

Quadro -4.11: número de infecções por hidátide nas regiões urbanas e rurais, segundo o sexo.

Sex	Urban	Rural	Total
M	9	23	32
F	20	22	42
total	29	45	74
Percentage(%)	39.18	60.82	100
X^2 = 2.894 df = 1 P = 0.088			

4.7 Parte 2: Investigação serológica do quisto hidático.

A percentagem elevada (94,6%) de casos positivos para quisto hidático foi registada pelo teste IFA e a percentagem baixa (52,8%) pelo teste rápido (quadro 4.12).

Tabela- 4.12: Casos seropositivos e não negativos de hidatidose através de diferentes testes.

Test	Patients (74)		Control(18)	
	Positive	Negative	Positive	Negative
Rapid test of hydatidosis	(52,8 %) 39	(47,2 %) 35	(5.55%) 1	(94.44%) 17
X2 = 13.09 df = 1 P = 0.000				
ELISA	(91,9 %) 68	(8,1 %) 6	(0.0 %) 0	(100%) 18
X2 = 63.40 df =1 P =0.000				
IFA	(94.6 %) 70	(5.4 %) 4	(0.0 %) 0	(100%) 18
X2 = 71.20 df = 1 P = 0.000				

4.7. 1Ensaio de imunoabsorção enzimática IgG (ELISA):

4.7.1.1 Pesquisa de IgG por ELISA em casos de cisto hidático de acordo com a idade, a residência e a profissão

A maioria dos casos (31,08%) foi observada em doentes com idades compreendidas entre os 30 e os 39 anos, enquanto foram registados menos casos (1,35%) com mais de 70 anos. As percentagens mais elevadas foram registadas na zona rural (56,75%) em comparação com a zona urbana (35,13%), e as donas de casa registaram as percentagens mais elevadas (50%) de casos, enquanto os empregadores e os funcionários públicos registaram (18,91%, 6,75%) de casos, respetivamente. (Apêndice: Quadro 4. l&Figura 4.2).

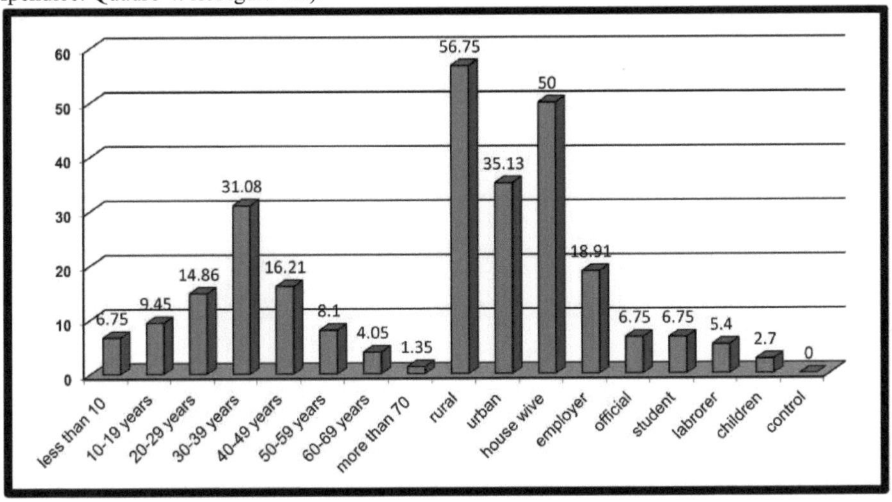

Figura (4.2): Casos positivos de hidatidose por ELISA.

4.7.1.2 Pesquisa de IgG por ELISA em casos de quisto hidático de acordo com os grupos não operados e operados.

A percentagem de ELISA IgG nos doentes não operados foi superior à dos doentes operados, que registaram 100% e 70% dos casos, respetivamente. (Quadro 4.13).

Tabela -4.13: Casos ELISA IgG positivos de quisto hidático nos grupos não operados e operados.

test	Groups	positive	Percentage(%)	Negative	Percentage(%)
ELISA	No operated (54)	54	100	0	0.0
	Operated (20)	14	70	6	30
	Control (18)	0	0	18	100
$X^2 = 17.629$ df = 1 P = 0.000					

4.7.2 Teste imunoflorecente indireto (IFA) (IgA, IgG ou IgM).

4.7.2.1 Casos positivos de quisto hidático com IFA de acordo com a idade, residência e ocupação.

A maioria dos casos (31,08%) foi observada em doentes com idades compreendidas entre os 30 e os 39 anos, enquanto foram registados menos casos (1,35%) com mais de 70 anos. As percentagens mais elevadas foram registadas na zona rural (58,10%) em comparação com a região urbana (36,48%). As donas de casa registaram as percentagens mais elevadas (50%) de casos, enquanto os empregadores e os funcionários públicos registaram 21,62% e 8,10% dos casos, respetivamente (Anexo: Quadro 4.2 e Figura 4.3).

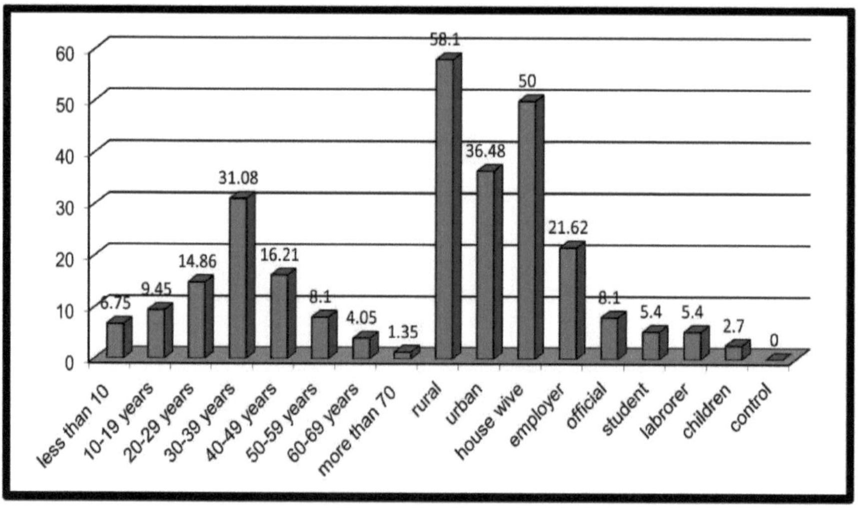

Figura (4.3): Casos de hidatidose positivos para IF AT.

4.7.2.2IFA - Casos positivos de quisto hidático de acordo com os grupos não operados e operados.

A percentagem de casos operados foi superior à dos não operados, que registaram 100% e 92,6% dos casos, respetivamente (Tabela 4.14 e Figura 4.4).

Tabela 4.14: Casos positivos para IFA de quisto hidático em grupos não operados e operados.

test	Group	positive	percentage(%)	Negative	percentage(%)
IFA	Non operated (54)	50	92.6	4	7.40
	Operated (20)	20	100	0	0
	Control (18)	0	0	18	100
YatesX^2 = 65.411 df = 2 P = 0.000					

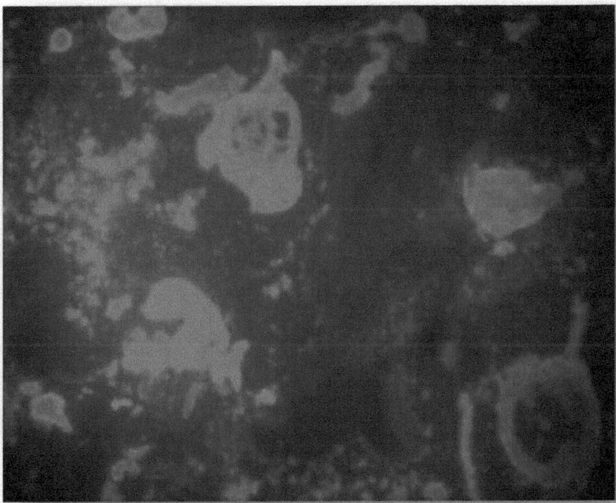

Figura (4.4): casos positivos de uma secção congelada de *E. granulosus* (*40)

4.7.3 Teste imunocromatográfico (teste rápido do quisto hidático)

4.7.3.1 Investigação imunocromatográfica de casos de quisto hidático de acordo com a idade, residência e profissão.

A maioria dos casos (17,56%) foi observada em doentes com idades compreendidas entre os 30 e os 39 anos, enquanto foram registados menos casos (1,35%) com mais de 70 anos. As percentagens mais elevadas foram registadas na região rural (32,43%) em comparação com a região urbana (20,27%).

As donas de casa registaram as percentagens mais elevadas (22,97%) de casos, enquanto os empregadores e os funcionários registaram 9,45% e 8,10% dos casos, respetivamente. (Anexo: Quadro 4.3 e Figura 4.5).

4.7.3.2 Casos imunocromatográficos positivos de quisto hidático de acordo com os grupos não operados e operados.

A percentagem do grupo operado foi superior à do grupo não operado, que registou 75% e 44,44% dos casos, respetivamente. (Quadro 4.15).

Tabela -4.15: Casos imunocromatográficos positivos de quisto hidático em grupos não operados e operados.

test	Group	positive	Percentage (%)	Negative	Percentage (%)
Immunochromatographic	Non operated (54)	24	44,44	30	55.56
	Operated (20)	15	75	5	25
	Control (18)	1	5.55	17	94.44
$X^2 = 18.641$ df = 2 P = 0.000					

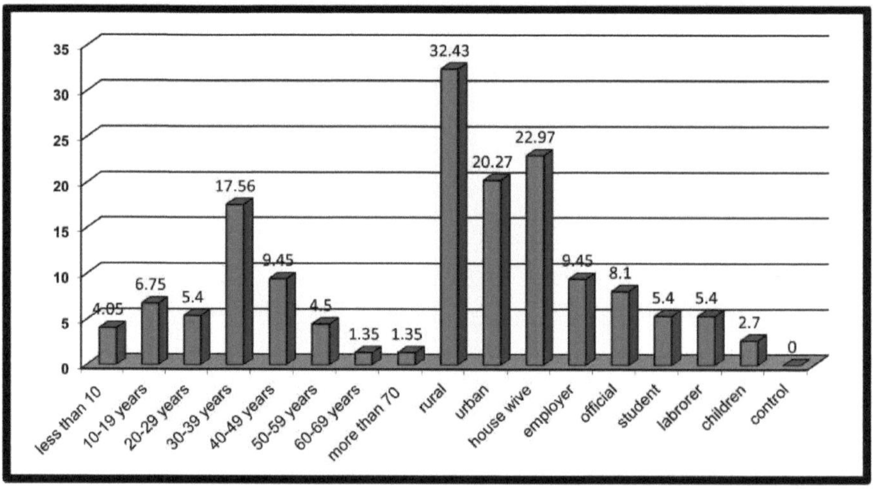

Figura (4.5): Teste imunocromotográfico Casos positivos de hidatidose.

4.8 Parte 3: Autoanticorpos da doença do quisto hidático por teste imunoflorecente indireto.

4.8.1 : Casos positivos de anticorpos autónomos na doença do quisto hidático .

Através do teste IFA, 6 (8,10%) dos casos de quisto hidático apresentaram anticorpos anti-nucleares (ANA) positivos. Enquanto o anticorpo anti-mitocondrial (AMA) e o anticorpo anti-célula parietal (APCA) registaram a mesma percentagem (2,70%) de casos de quisto hidático. (Quadro 4.16).

Tabela-4.16: Casos positivos de anticorpos autónomos na doença do quisto hidático.

	Anti-nuclear antibody		Anti-mitochondrial antibody		Anti-Parietal antibody	
	Positive	Negative	Positive	Negative	Positive	Negative
Hydatidosis cases(74)	8.11% (6)	91.9% (68)	2.70% (2)	97.30% (72)	2.70% (2)	97.30% (72)

Control(18)	(0.0)%	100% (18)	(0.0)%	100% (18)	(0.0)%	100% (18)
$X^2 = 2.55$ df = 5 P = 0.768						

4.8.2 Autoanticorpos de acordo com grupos não operados e operados de doença de quisto hidático.

A percentagem de distribuição de auto-anticorpos nos doentes não operados (16,66%) foi superior à dos doentes operados (5%). (Tabela 4.17 & Figura 4.6,4.7,4.8,4.9).

Tabela -4.17: Distribuição da seropositividade dos auto-anticorpos de acordo com os grupos .

Gropes	Type of autoantibodies						Total
	Anti-nuclear antibody		Anti-mitochondrial antibody		Anti-Parietal antibody		
	Positive	Negative	Positive	Negative	Positive	Negative	
Non operated (54)	(9.25%) 5	(90.75%) 49	(3.70%) 2	(96.30%) 52	(3.70%) 2	(96.30%) 52	16.66%
Operated (20)	(5%) 1	(95%) 19	0%	(100%) 20	0	(100%) 20	5%
Control (18)	0	18	0%	(100%)8	0	(100%)8	0.0 %
P value	0.69		0.93		0.93		

Figura (4.6): Anticorpo anti-células nucleares do fígado do rato (x40).

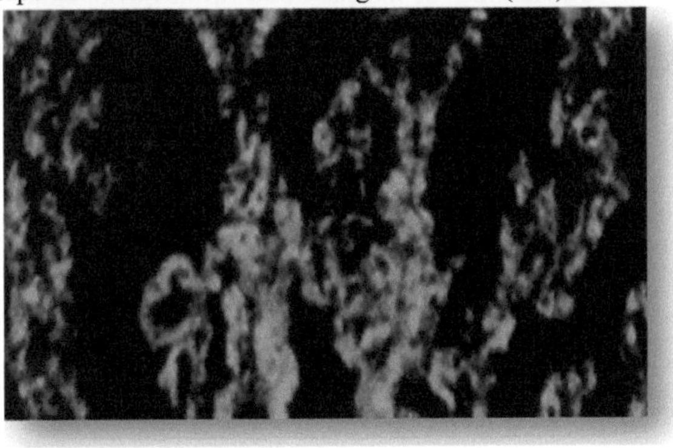

Figura (4.7): Anticorpo anti-mitocondrial do rim de rato (^{x} 40).

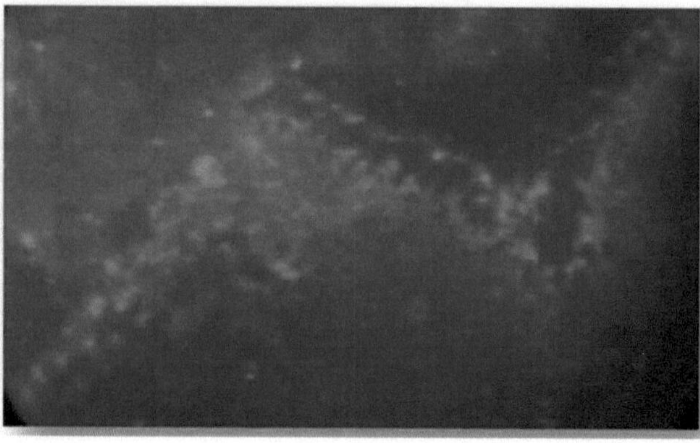

Figura (4.8): Anticorpo anti-células parietais do estômago do rato (× 40).

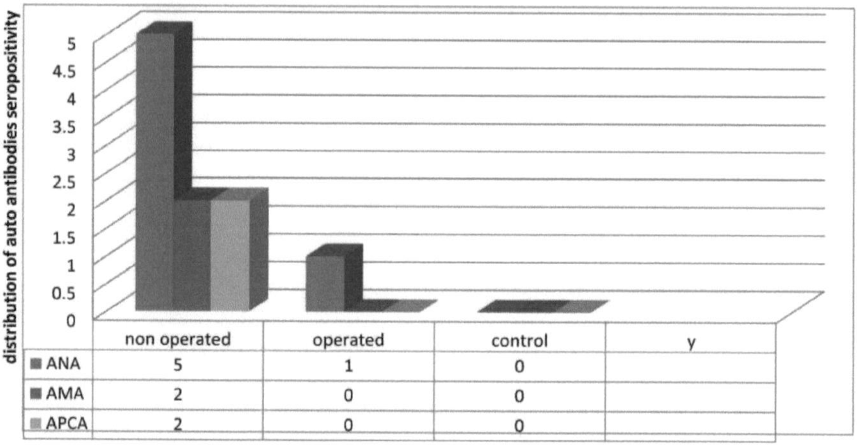

Figura (4.9): Distribuição dos auto-anticorpos de acordo com os grupos

4.9 Parte 4: secção de fixação das larvas e secção da camada germinativa

4.9.1 Casos seropositivos de lâminas de fixação de larvas de quisto hidático por testes IFA.

As lâminas de fixação de larvas de quisto hidático deram uma percentagem elevada (86,48%) de doentes, sendo que 64 casos de um total de 74 doentes com quisto hidático apresentaram resultados positivos. Mas nenhum caso (0%) de 18 indivíduos saudáveis apresentou resultados positivos. (Tabela 4.18 e Figura 4.11 e 4.10).

Tabela -4.18: Percentagem de casos positivos de lâminas de fixação de larvas através do teste IFA como investigação não invasiva.

Test	Patients (74)		Control(18)	
IFA Larva fixation slides	Positive	Negative	Positive	Negative
	86.48%(64)	13.52% (10)	Zero	100%
$X^2 = 51.151$ df = 1 P = 0.000				

4.9.2 Casos seropositivos da secção adventícia (camada germinal) do quisto hidático através de testes IFA.

A secção adventícia do quisto hidático deu uma percentagem elevada (82,44%) de casos, em que 61 casos de um total de (74) doentes com quisto hidático apresentaram resultados positivos, ao passo que nenhum caso (0%) de 18 indivíduos saudáveis apresentou resultados positivos. (Tabela 4.19 e Figura 4.11, 4.12).

Tabela -4.19 : Percentagem de casos positivos de secção adventícia através do teste IFA como investigação não invasiva

Test	Patients (74)		Control(18)	
IFA Adventitial section (germinal layer)	Positive	Negative	Positive	Negative
	82.44% (61)	17.56% (13)	Zero	100%
X2 = 44.035 df = 1 P = 0.000				

A

B

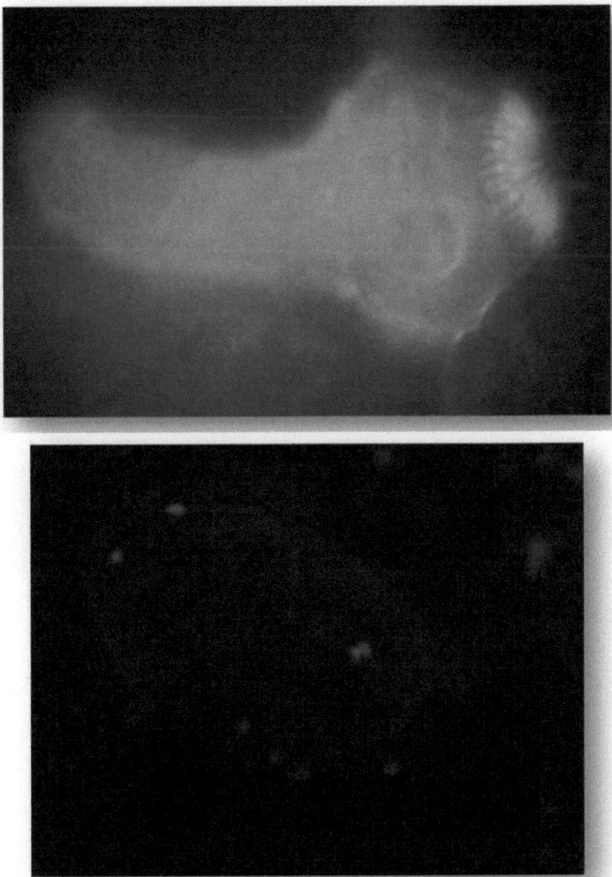

Figura (4.10): (A) Caso positivo de lâmina *de* fixação *de* larvas *de E. granulosus.* **(B)** Caso negativo

de lâmina *de* fixação *de* larvas *de E.granulosus* (x40).

A

B

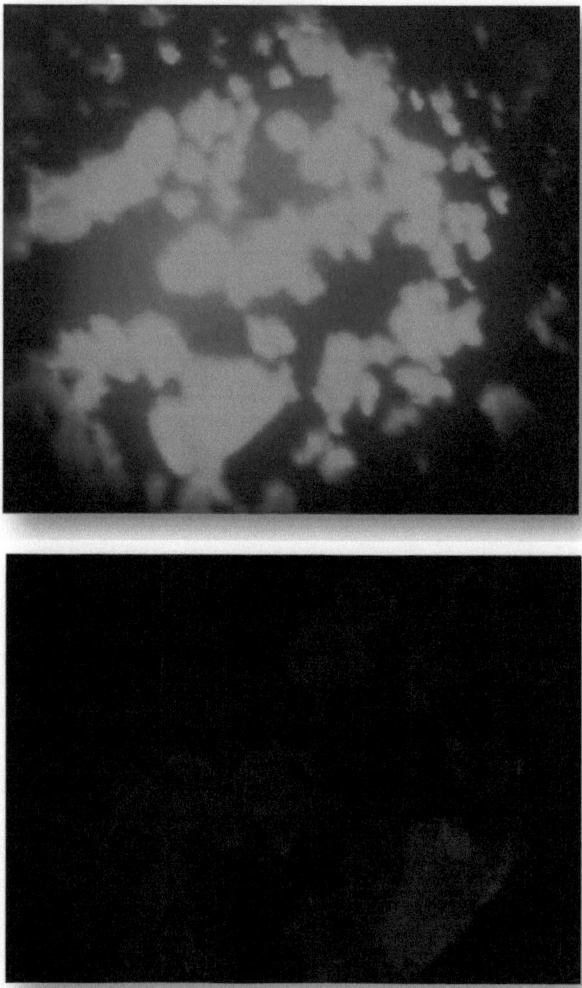

Figura (4.11): (A) caso positivo de secção congelada germinal *de E.granulosus* **(B)** caso negativo de secção congelada germinal *de E.granulosus.* (x40).

4.10 A validade dos diferentes testes:

O teste de imunofluorescência indireta apresentou a percentagem mais elevada de sensibilidade e especificidade em comparação com os outros testes. (Quadro 4.20).

Tabela (4.20): mostra a validade de diferentes testes.

Test	Sensitivity	Specificity	Ppv	Npv
IFA(ready made)	94.6%	100%	100%	81.8%

IFA Protoscolex fixation slides (manual made)	86.5%	100%	100%	64.3%
IFA Germinal layer section (manual made)	82.4%	100%	100%	58.1%
ELISA	91,9 %	100%	100%	79.4%
Rapid test	52.7%	94.4%	97.5%	32.7%

Ppv: valor preditivo positivo = a/(a+b).
Npv: valor preditivo negativo = d/(c+d).

CAPÍTULO 5

Discussão

Há vários estudos que consideram que a doença do quisto hidático é uma das doenças parasitárias mais crónicas e endémicas causadas pela infeção com a fase larvar do *E. granulosus*. Também foi considerada uma das doenças zoonóticas mais difundidas em humanos, tanto em países em desenvolvimento como em países desenvolvidos (Siracusano, 2012).

Kakkos *et al.* (2001) confirmaram que a relação entre a hidatidose e a imunidade do hospedeiro é um processo específico devido a um envolvimento a vários níveis do sistema imunitário, no que diz respeito à imunidade inata e específica, com imunidade humoral e celular.

5.1 Primeira parte: Distribuição do quisto hidático

O presente estudo observou que a taxa de casos de quisto hidático nos hospitais universitários da província de Najaf era superior à dos hospitais privados, com 63 casos registados na Cidade Médica de Al-Sadder e 5 casos registados no Hospital Geral de Al-Manathera, enquanto os hospitais privados de Al-Ghadeer, A1-Ameer e Al-Najaf registaram 3,2,1 casos, respetivamente.A interpretação destes dados pode ser atribuída à distribuição da doença no Iraque, especialmente nas zonas central e meridional (Ahmed, 2011), e ao facto de continuar a existir pessoal médico especializado, especialmente em casos de emergência, e ao custo gratuito das operações nos hospitais públicos, o que leva a um aumento do número de doentes internados nos hospitais públicos em relação aos hospitais privados.

Neste estudo, foram utilizados quatro instrumentos de diagnóstico para detetar a doença do quisto hidático, sendo que a técnica de ultra-sons e de raios X registou a maior utilização em comparação com outros instrumentos e muitos deles foram utilizados em conjunto, de acordo com o local do quisto, como a parte de raios X com ultra-sons e com ou sem a técnica de RMN ou secção de tecido. Estes resultados podem ser atribuídos à visualização da estrutura e do tamanho caraterísticos dos quistos, além de que os quistos hidáticos noutros locais do corpo são mais bem identificados pelo método de imagiologia específico do órgão (Kern, 2003), e a utilização destas ferramentas convencionais com métodos imunológicos aumenta a sua possibilidade de diagnóstico (Shamsiev, 2011).

O local mais frequente foi o fígado (52,70%) e depois o pulmão (48,64%), o que foi registado por este estudo e os resultados estão de acordo com o estudo de AL-Barwari (1991), Shamsiev (2011) e Al-Nakeeb (2004). Al-Mosa (2001), em Najaf, e Abu-Hasan (2001), na Palestina, apresentaram os mesmos resultados, mas a frequência das infecções hepáticas foi superior à do presente estudo, enquanto a taxa de infecções pulmonares foi inferior à do presente estudo.

Na Austrália, um estudo de Colebrook e Lightowlers (1995) observou que o fígado era o local predominante de infeção em comparação com o pulmão. Registaram que a percentagem de infeção do fígado (80%) era superior à do presente estudo, enquanto a percentagem de pulmões infectados (5%) era inferior à registada no presente estudo. No presente estudo, foram registados alguns casos raros (especialmente no coração, no cérebro e no útero) que correspondem aos registados por Al-Mosa (2001), Shamsiev (2011) e Colebrook e Lightowlers (1995). Isto pode ser atribuído ao facto científico de que o fígado actua como filtro primário no corpo humano e ao grande tamanho das oncosferas em compressão com vénulas ou sistema linfático (Salih e Al-Taie, 1998; Fromsa e Jobre, 2011), e os pulmões, embora muitas vezes sejam o segundo filtro, podem ser o órgão principal em determinadas condições, como a atmosfera poeirenta, que pode facilitar a inalação de óvulos de Echinococcus por algumas pessoas e, consequentemente, pode evoluir para infeção respiratória

(Siracusano *et al.*, 2008).

A infeção única, de acordo com o envolvimento de um ou vários órgãos, foi observada em 91,54% e 6,75%, respetivamente. Também a infeção múltipla de quisto hidático em vários órgãos foi de 2,70% em todos os doentes infectados. Estes resultados estavam quase de acordo com o estudo de AL-Barwari *et al.* em Arbil (1991), que registou 94,1% de infeção única num único órgão e 2,6% de infeção múltipla de quisto hidático em vários órgãos. O resultado está de acordo com Shamsiev (2011), que registou 88,9% de doentes infectados com equinococose única e equinococose nos pulmões e no fígado. Além disso, o presente estudo é relativamente semelhante aos resultados de Al-Mosa (2001) em Najaf, onde a infeção única representava 67,25% dos casos infectados e 32. 7% dos casos eram de infecções múltiplas. Abu-Hasan (2001), na Palestina, registou resultados quase semelhantes.

Colebrook e Lightowlers (1995) mostraram que a percentagem de quistos múltiplos em vários órgãos era superior à do presente estudo, em que o resultado foi de 11 % dos casos infectados. Hassan e Ahmed (2006) registaram que o resultado de uma infeção única num único órgão era inferior aos resultados do presente estudo e que a percentagem de quistos múltiplos em vários órgãos era superior à do presente estudo. Os resultados de Ahmed (2011) foram diferentes em comparação com o presente estudo, onde registou 41% de infeção única num único órgão e 59% de infecções múltiplas num único órgão.

A interpretação desta variação pode ser atribuída ao facto de se encontrarem numerosos quistos que, dependendo do número de óvulos ingeridos e do número de óvulos que sobrevivem, onde a resposta IgG mais precoce aos antigénios oncosféricos aparece após 11 semanas em ratos e ovelhas desafiados com ovos ou oncosferas de *E. granulosus* (Heath e Lawrence, 1996). Estes anticorpos anti-oncosferais desempenham um papel importante na morte do parasita e são fundamentais para a resposta imunitária protetora contra *E. granulosus* (Siracusano *et al*, 2012), e podem ser atribuídos ao efeito dos sucos intestinais, onde testes in vitro a 37 C indicaram que os sucos do quisto hidático de ovinos e bovinos são digeridos pelos sucos intestinais do homem, rato, coelhos, ovinos e bovinos, mas não pelos de gatos e cães (Belding, 1964).Em seguida, a oncosfera sobrevivente penetrou na parede intestinal e chegou ao fígado através da corrente sanguínea, que é considerada o principal filtro do corpo e pode instalar-se no mesmo órgão ou ser transferida para muitos órgãos do corpo (Czermak et al.,2008).

As idades dos doentes no presente estudo variaram entre menos de 10 anos e mais de 70 anos. A maior ocorrência foi registada entre os doentes com idades compreendidas entre os 30 e os 39 anos, tanto no sexo masculino como no feminino. Este resultado está de acordo com um estudo de Ahmed (2011) e Al-Nakeeb (2004), e quase com os estudos de Al-Saimary (2010) e Yang *et al.* (2006) . Mongha *et al.* (2008) e Abu-Hasanl (2001) afirmaram que a taxa de infeção mais elevada se registava entre os doentes de 20-30 anos. AL-Fadagh *et al.* (2002) e Hassan e Ahmed (2006) registaram que a elevada incidência de doenças causadas por quistos hidáticos humanos se verificava entre os doentes com 20 a 50 anos. Beard (1978) registou que a taxa mais elevada de infecções ocorria entre os doentes com menos de 15 anos e concluiu que a maioria das infecções ocorria na infância. AL-Barwari (1991) registou que a idade máxima de incidência era a terceira década.

Além disso, este estudo mostrou que os casos com menos de 10 anos de idade são raros. Esta diferença na taxa dos grupos etários pode dever-se ao tempo necessário para a doença hidática se manifestar clinicamente e pode ser atribuída à incidência de infecções na infância ou através da transmissão placentária de ovos *de E. granulosis* (Zhang *et al.*, 2003; Siracusano *et al.*, 2008).

O presente estudo mostrou que a predominância da hidatidose foi no sexo feminino 42 (56,75%) do que no sexo masculino 32 (43,24%). Este resultado está de acordo com Al- Mosa (2001), Al-

Fadagh *et al.* (2002), AL-Barwari (1991), Hassan e Ahmed (2006) e Al- Nakeeb (2004).

Abu-Hasan (2001), na Palestina, referiu que a taxa de infecções nas mulheres e nos homens estava quase de acordo com os resultados do presente estudo. Além disso, os resultados do presente estudo parecem semelhantes a outros estudos efectuados em países como a Tunísia, o Irão, o Quénia e a Grécia (Mobedi *et al.* 1971; Bchir *et al. 1989*; Karpathios *et al. 1986;* French e Nelson ,1982).

Enquanto outros estudos referiram resultados diferentes (Kelly e Izzi ,1959 ; Oleary 1976). Os estudos experimentais de Frayha *et al.* (1971) indicaram que os ratos machos eram mais susceptíveis de contrair esta doença do que as fêmeas, tendo interpretado que as gonadotrofinas femininas (estrogénios e androgénios) têm uma ação inibidora ao nível da parasitagem, em compressão com a hormona masculina (testosterona) que tinha pouca e de facto, o que poderia até aumentar a suscetibilidade do hospedeiro à infeção (AL-Barwari ,1991)

Estes resultados contraditórios podem estar associados a vários factores, tais como factores epidemiológicos, socioculturais, de ocupação e de residência.

Os diferentes tamanhos do saco da doença do quisto hidático registados neste estudo revelaram que o tamanho mais elevado era de (12x19) cm no fígado e o tamanho mais baixo (2x3) cm no coração. Este resultado é quase semelhante ao resultado de Al-Mosa (2001) em Najaf, que registou o tamanho mais elevado de 20x20 cm no fígado e o tamanho mais baixo de 3x3 no coração. Abu-Hasan (2001), na Palestina, quase concorda com o presente estudo, enquanto Ahmed (2011) e Hassan e Ahmed (2006) registaram que o tamanho mais elevado era > 15 cm de diâmetro. O presente estudo está quase de acordo com Ahmadi e Bodi (2011), que concluíram que o tamanho dos quistos hidáticos variava entre 1,5 e 23 cm de diâmetro maior e que o maior quisto tinha aproximadamente 23 x 18 cm.

A interpretação dos diferentes tamanhos do quisto hidático pode ser atribuída à natureza dos órgãos infectados, tendo sido demonstrado que os quistos crescem mais rapidamente em órgãos elásticos compressíveis como o pulmão e o cérebro do que no fígado (o rácio de crescimento é de 3:1) (Kojundzic *et al.,* 2010) e pode dever-se à natureza do sistema imunitário do hospedeiro (Barnouti, 1985). Também pode dever-se ao crescimento do quisto, que pode ter um crescimento lento ou dormente ou um crescimento rápido, dependendo da equinococose ativa (Thompson , 2001).

A taxa de infeção mais elevada foi observada entre as donas de casa. Este resultado está de acordo com AL-Barwari (1991) e Al-Mosa (2001). Al-Nakeeb (2004) registou resultados opostos, tendo mencionado que a distribuição mais frequente da seropositividade se verificou entre os veterinários, as donas de casa e as crianças. Isto pode dever-se à estreita ligação desta população à fonte de infeção e ao ambiente fortemente contaminado com óvulos *de E. granulosus* (Kojundzic *et al.,* 2010). Nas comunidades iraquianas, uma grande proporção de mulheres continua a ter alguns empregos relacionados com a criação de animais e/ou a agricultura. (McManus *et al.,* 2003)

No presente estudo, registou-se que a hidatidose humana nas regiões rurais era superior à das regiões urbanas, onde os números registados foram 45 (60,82%) e 29 (39,18%), respetivamente. Este resultado foi quase semelhante aos resultados de Al-Mosa (2001), Al-Fadagh *et* "/. (2002), enquanto Al-Barwari *et al. (*1991) registaram que os doentes das regiões urbanas eram mais numerosos do que os das regiões rurais.

Estes resultados podem ser atribuídos à transmissão do agente infetado através do contacto direto com a fonte de infecções ou do contacto indireto através do solo, da água e dos alimentos ou vegetais contaminados (The Center for Food Security and Public Health, 2011). As condições socioeconómicas, os baixos níveis de educação, a falta de conhecimento sobre a doença e a sua transmissão, as más condições sanitárias, a partilha de fontes de água com cães e o abate doméstico contribuem para a elevada ocorrência de equinococose quística em comunidades de todo o mundo

(Macpherson, 2001).

5.2 Parte 2: Testes serológicos

O estudo atual foi realizado através de três testes de rastreio (ELISA IgG, teste de anticorpos totais IFA e teste imunocromatográfico). O teste ELISA foi utilizado para a deteção geral da hidatidose porque é relativamente simples e proporcionou um método eficaz para o rastreio serológico de rotina de anticorpos contra *E. granulosus* (Zarzos *et al* ,1999). Em seguida, os resultados do ELISA foram testados com o teste IFA para aumentar a exatidão do diagnóstico devido à elevada especificidade e sensibilidade deste teste (Shaapan *et al.,* 2008). O teste IFA também foi utilizado para estudar a produção de auto-anticorpos em doentes com doença do quisto hidático. Os estudos comparativos entre testes serológicos mostraram que o ELISA para IgG é o ensaio preferido, mas a fiabilidade é 85 mmunificada através da utilização de, pelo menos, dois testes diferentes (Widdrington et al. 2010).

Por conseguinte, foi utilizado o teste imunocromatográfico para aumentar a conformidade dos resultados e para que os dados envolvam resultados comparativos destes testes.

As diferenças entre os vários testes, tanto em termos de especificidade como de sensibilidade, demonstraram que, à medida que a sensibilidade de um teste aumenta, é possível atingir uma especificidade suficiente para tirar partido da maior sensibilidade e um teste ótimo deve ser específico com uma sensibilidade elevada (Lightowlers e Gottstein, 1995). A sensibilidade dos testes serológicos é afetada pelo local, integridade e condição dos quistos hidáticos no corpo, com a maior probabilidade de seropositividade na infeção hepática ou de quistos múltiplos e com quistos que exibem quistos filhos. Em contrapartida, foram detectados títulos baixos em quistos hidáticos pulmonares e intactos (Shambesh, 1997). Atualmente, não existe nenhum teste imunológico padrão, altamente sensível e específico disponível para a deteção de anticorpos em casos de doença de quisto hidático (Li *et al.,* 2003).

Neste estudo, os testes IFA, ELISA e imunocromotográficos para o rastreio inicial da doença do quisto hidático foram de 94,6%, 91,9% e 52,8%, respetivamente. Também a sensibilidade e a especificidade do teste IFA foram superiores às obtidas pelos testes ELISA e imunocromotográfico. Estes resultados estão quase de acordo com Sari *et* aZ. (2009), que registaram que a sensibilidade e a especificidade do teste IF AT eram de 82,5% e 100%, respetivamente, no diagnóstico da equinococose quística. Este estudo também está de acordo com o estudo de Ekici e Sevinc (2011), que registou que a sensibilidade e a especificidade do teste IFA são superiores às do teste ELISA no diagnóstico da anaplasmose em bovinos. Vários investigadores referiram que o teste IFA pode ser utilizado em vez de PCR, CF e ELISA (Silva *et al.,* 2006; Cantu *et al.,* 2008).

Este estudo está quase de acordo com Rashed *et al.* (2003), que avaliaram o IHAT e o ensaio de imunoabsorção enzimática (ELISA) para o diagnóstico de hidatidose, em que as sensibilidades foram de 94,4% e 83,3% para o ELISA e o IHAT, respetivamente. O ELISA mostrou reação cruzada em casos tumorais (5,5%), enquanto o IHAT mostrou uma especificidade de 100%.

Estes resultados estão em desacordo com os de Wattal (1986), que observou que o ensaio de imunoabsorção enzimática era mais sensível e específico do que as outras técnicas no diagnóstico da hidatidose, especialmente da doença hidatiforme pulmonar, tendo constatado que o ELISA era o teste mais sensível e específico (100%), seguido do teste IFA, com 86% de sensibilidade e 97% de especificidade, enquanto as outras técnicas eram menos sensíveis e específicas.

Sbihi *et al.* (2001) testaram a sensibilidade comparativa de seis testes serológicos e o valor de diagnóstico de ELISA utilizando antigénio purificado de hidatidose. O teste ELISA de IgG específica AgB (fração rica em antigénio B) foi o mais sensível (96,5%), enquanto os menos sensíveis foram o teste ELISA de IgE específica (24,1%) e o IEP (25,8%). Os resultados do presente estudo estão quase de acordo com Abdi *et al.* (2010), que utilizaram o teste ELISA para avaliar os antigénios recombinantes de *E. granulosus*.

Os resultados do presente estudo também estão de acordo com os de Ekicim e Sevinc (2011), que registaram que a sensibilidade e a especificidade do teste cELISA eram de 87,3 % e 100 %, respetivamente, enquanto a sensibilidade e a especificidade do teste IFA eram de 90,7 % e 100 %, respetivamente, para os anticorpos contra Anaplasma marginale em bovinos.

O resultado do presente estudo foi quase semelhante ao de um estudo recente que comparou o ensaio ELISA de inibição competitiva (CI-ELISA) com um ensaio PCR aninhado num efetivo endémico *de A. marginale* nos EUA. A sensibilidade e a especificidade do CI-ELISA foram de 96% e 95%, respetivamente (Torini de Echaide *et al.,* 1998).

Sako *et al.* (2009) registaram que a sensibilidade e a especificidade do teste imunocromotográfico (ICT) eram de 94% e 95,4%, respetivamente, utilizando antigénios recombinantes de equinococose alveolar, tendo sido observados elevados graus de concordância entre o ICT e um ensaio de imunoabsorção enzimática (93%) e entre o ICT e a análise de imunoblot (97%). Espera-se que o ICT desenvolvido neste estudo seja útil para o serodiagnóstico da equinococose alveolar. Estes resultados estão quase de acordo com o estudo atual, em que os resultados de sensibilidade e especificidade do teste imunocromotográfico foram de 52,7% e 94,4%, respetivamente.

De acordo com os testes serológicos, a maioria dos casos de hidatidose foi observada entre os 30-39 anos de idade, sem diferença significativa (P>0,05) na distribuição da infeção entre os diferentes grupos etários dos doentes. A justificação para estes resultados pode ser atribuída ao facto de a doença se ter tornado sintomática nesta década (Molan e Baban 1988). Relativamente à residência, a taxa de infeção mais elevada foi registada nas zonas rurais do que nas zonas urbanas, mas sem diferença significativa (P>0,05). A interpretação da elevada incidência de infeção entre os doentes das zonas rurais neste estudo pode ser atribuída aos baixos níveis de educação, à falta de conhecimentos sobre a doença e às más condições sanitárias nas comunidades rurais, em comparação com as das comunidades urbanas (Macpherson, 2001).

O estudo mostrou que a elevada taxa de infeção foi registada entre as donas de casa, mas sem diferenças significativas (P>0,05) nas frequências dos grupos de ocupação. Isto pode ser justificado pelo facto de as donas de casa da população iraquiana estarem expostas aos factores de risco de infeção através da sua responsabilidade de realizar as tarefas domésticas. Além disso, o Iraque é considerado uma zona endémica e as mulheres da região rural estão estreitamente associadas às tarefas domésticas e agrícolas, o que pode estar associado a um risco acrescido de hidatidose. (Yaghan *et al.2004).*

Em relação ao grupo não operado, os casos seropositivos do teste ELISA foram mais numerosos do que nos grupos operados de todos os doentes infectados e revelaram diferenças significativas (P<0,01) de infeção entre eles e os controlos saudáveis. Este resultado pode ser atribuído à diminuição de materiais antigénicos após a remoção cirúrgica do quisto hidático (Aslan *et al.*, 2009)

Enquanto os casos seropositivos do grupo não operado foram inferiores aos dos grupos operados de todos os doentes infectados nos testes IFA e imunocromotográficos, e os resultados revelaram diferenças significativas (P<0,01) entre eles e os controlos saudáveis. A interpretação destes resultados pode ser atribuída ao local e ao número de infecções, em que os doentes com quisto hidático pulmonar apresentaram um título de anticorpos mais baixo do que os doentes com quisto hepático, sendo que o número de casos pulmonares de quisto hidático no grupo não operado foi superior ao do grupo operado neste estudo (Morar e Feldman, 2003; Shambesh, 1997). Além disso, o extravasamento do conteúdo do quisto pode causar choque anafilático e, se o quisto não for complicado, a serologia é menos sensível (Uraiqat e Al-Awamleh 2010).

Shambesh, (1997) referiu que a seropositividade dos testes serológicos é afetada pelo local, integridade e condição dos quistos hidáticos no corpo, com a maior probabilidade de seropositividade na infeção hepática ou de quistos múltiplos e com quistos que exibem quistos filhos.

5.3 Parte 3: Autoanticorpos da doença do quisto hidático por teste imunoflorecente indireto.

No presente estudo, foram examinados cinco marcadores para determinar a resposta autoimune em doentes com hidatidose. Cinquenta e quatro doentes não operados com quistos hidáticos (NOP) e 20 doentes operados com quistos hidáticos (OP) foram incluídos como grupo de estudo e 18 indivíduos saudáveis sem doenças crónicas conhecidas foram incluídos como grupo de controlo neste estudo. A presença de anticorpos ANA (anticorpo anti-nuclear), ASMA (anticorpo anti-músculo liso) e AMA/LKM (anticorpo anti-mitocondrial/anticorpo microssomal do fígado e rim) e APCA (anticorpo anti-células parietais), conhecidos como parâmetros auto-imunes, foi investigada em todos os grupos utilizando kits de anticorpos fluorescentes indirectos (IFA) (Euroimmune Labor Diagnostica, Alemanha). As idades dos doentes variavam entre menos de 10 e mais de 70 anos. Os anticorpos foram detectados em 9 (16,66%), 1 (5%) e zero (0,0%) dos grupos NOP, OP e controlo, respetivamente. Foi detectada uma diferença estatisticamente não significativa entre não operados e operados e controlos saudáveis ($p > 0,05$). Também foi detectada uma diferença estatisticamente não significativa entre todos os grupos de doentes (doentes com NOP e OP) e o grupo de controlo ($p > 0,05$).

Este resultado veio em desacordo com Aslan *et al.* (2009), que registaram que a relação entre o quisto hidático e a produção de autoanticorpos era significativa. Além disso, Al-Sakee (2011), em Arbil Provence, verificou que os níveis de anticorpos anticardiolipina e antifosfolípidos estavam significativamente aumentados em doentes com equinococose quística, o que sugere uma associação significativa da equinococose quística com estes anticorpos auto-reactivos.Colebrook e Lightowlers (1995), cujos resultados concordam com os do presente estudo, concluíram que não se observou qualquer diferença significativa ($P > 0-05$) entre os níveis de auto-anticorpos no soro dos indivíduos infectados com hidátide e os do grupo de controlo.A interpretação da deteção de autoanticorpos elevados em doentes não operados pode ser atribuída à natureza crónica do processo da doença, juntamente com as suas moléculas imunoreguladoras, que podem ativar mecanismos autoimunes desconhecidos do hospedeiro e levar à formação de autoimunidade (Siracusano *et* a*l*.2008). Também sugere que a diminuição dos auto-anticorpos em doentes operados pode ser causada pela ausência de estímulo antigénico proveniente dos quistos hidáticos. Os resultados aqui descritos sugerem que a produção de auto-anticorpos não está associada à doença hidática.

5.4 Parte 4: Casos sero-positivos de lâminas de fixação de larvas e secção adventícia de quisto hidático por testes IFA.

Neste estudo, o escólex e a camada germinativa do quisto hidático foram utilizados como substratos (antigénio do escólex total e secção congelada da camada germinativa), respetivamente, após fixação nas lâminas para o teste IFA indireto realizado manualmente. As percentagens de casos positivos foram de 86,48% e 82,44%, respetivamente, de todos os casos infectados.

Este estudo, veio concordar com um estudo de Wattal *et al.* (1986), que referiu que o teste imunofluorecente era específico para o antigénio completo do escólex, e dava quatro mais fluorescência do escólex com um soro positivo. Sanchez *et al.* (1993) utilizaram anti-soros monoespecíficos de coelho obtidos através de imunização experimental com proteínas previamente purificadas, na localização ultra-estrutural de dois antigénios do fluido hidático; antigénio B e antigénio 5, em cápsulas de cria e protoscolices de *E. granulosus* de origem humana. A reação foi evidente na região conectiva da membrana germinativa e no parênquima dos protoscolos. Davis eta/.(1978) revelou que ambos os antigénios parecem ter origem nos protoscolos e/ou na membrana germinal do quisto e das cápsulas de cria.

Este resultado do presente estudo está de acordo com muitos estudos que utilizaram ELISA nativo Ag5, que evidenciaram sensibilidades e especificidades diagnósticas que variam entre 5054% e 89-92%, respetivamente (Barbieri *et al.* 1998 e Gonzalez-Sapienza *et al.* 2000b). Também estes resultados estão de acordo com um estudo que mostrou que os desempenhos dos testes serológicos foram altamente sensíveis e podem chegar a 90% quando se utilizam extractos somáticos de protoscolos e adultos (Jenkins *et al.,* 1990; Gasser *et al.,* 1994).

O presente estudo está de acordo com estudos que demonstraram que os componentes antigénicos de 27 e 94 kDa dos extractos brutos de protoscolex foram especificamente identificados por 95% e 62% dos soros de cães infectados experimentalmente com *E. granulosus*, respetivamente (Gasser *et al.,* 1989 e 1992)

A interpretação destes resultados divergentes pode ser atribuída ao facto de as larvas *de E. granulosus* sintetizarem uma lipoproteína conhecida como antigénio B (AgB) nas células tegumentares dos protoscolices mais do que na camada laminada e germinal das cápsulas de criação antes de ser segregada no fluido do quisto hidático (Arend *et al.* 2004).

As respostas imunológicas iniciais ao *E. granulosus* no hospedeiro definitivo são dirigidas contra os protoscolículos infecciosos e, mais tarde, contra o parasita adulto. Por este motivo, os extractos somáticos de protoscolpos e de adultos têm sido a fonte de antigénios mais adequada para a deteção imunológica da infeção em cães e outros canídeos (Jenkins *et al.,* 1990 e Gasser *etal.,* 1994).

CAPÍTULO 6

Conclusões e recomendações

6.1 Conclusões:

1. Existe uma relação entre a hidatidose e a produção de auto-anticorpos, o que é considerado um aspeto médico muito importante, mesmo que não seja significativo.
2. Relativamente ao teste de diagnóstico serológico, o teste IFA é mais sensível e específico em comparação com os testes ELISA e imunocromotográficos.
3. No que diz respeito ao tipo de antigénios, os antigénios do escólex completo e da secção congelada da camada germinativa foram estabelecidos pela primeira vez no Iraque como o melhor teste de diagnóstico sensível e específico.

6.2 Recomendações:

1 . Ilustração da importância médica da gravidade, do modo de transmissão, do tratamento e da prevenção da doença, através de instituições de saúde comunitárias e de campanhas educativas nos meios de comunicação social.

2 Cooperação entre a polícia e as instituições veterinárias para eliminar os cães vadios.

3 Dependendo dos resultados do teste IFA, a deteção da doença é possível devido à sua elevada sensibilidade e especificidade.

4 Devem ser efectuadas mais investigações para confirmar a correlação entre a hidatidose e a produção de auto-anticorpos.

5 Criar um laboratório médico especializado no fabrico de kits de imunofluorecência indireta apoiado pelo Ministério da Saúde do Iraque.

Referências:

A.W. (2009): Morfometria dos ganchos protoscoleses rostelares de isolados de Echinococcus granulosus de Punjab, Paquistão. Pakistan Journal of Science, Vol. 61 No. 4 .Pp 223-228.

A'aiz, N. N.(2010): Análise de genotipagem para determinar os tipos de linhagens de Toxoplasma gondii com estudo da produção de autoanticorpos. Tese de doutoramento, Faculdade de Medicina, Universidade de Kuffa.

Abdel-Baki, M.H.; Rabie, H.A.; Hefni, W.M. e Makarem, S.S. (1985): Hydatidosis of the orbit. J. Egypt. Soc. Parasitol, 15:13-22.

Abdi, J.; Kazemi, B.; Haniloo, A.; Mohebali, M.; Mahmoudi, M.; Rezaei, S.; Bandehpour, M.; Maghen, L. e Rokni, M.B.(2010): Avaliação Serológica de EgAgB16 kDa, um Antigénio Recombinante de Echinococcus granulosus para Diagnóstico de Hidatidose Humana. Iranian J Parasitol, Vol. 5, No.3, pp. 1-10.

Abu-Hasan, N.; Daragmehl, M.; Adwanl, K.; Al-Qaoud, K. e Abdel-Hafez, S. K.(2001): Equinococose cística humana na Cisjordânia da Palestina: Incidência cirúrgica e estudo seroepidemiológico. Departamento de Ciências Biológicas, Universidade Nacional de Najah, Nablus, Autoridade Palestiniana , Departamento de Ciências Biológicas, Universidade de Yarmouk, Irbid, Jordânia:1-11.

Afsar, H.; Yagci, F.; Meto, S. e Aybasti, N. (1994): Hydatid disease of the kidney: Avaliação e caraterísticas dos procedimentos de diagnóstico. J. Urol., 151: 567-70.

Agarwal, D.K.; Agarwal,R. e Barthwal, S.P. (1996): Cisto hidático do septo interventricular apresentando-se como bloqueio cardíaco completo. Br. Heart J., 75: 266-9.

Ahmadi, N.A. e. Bodi F. (2011): Apresentação clínica, localização e morfologia de cistos hidáticos hepato-pulmonares em pacientes operados em Teerã. Revista Mundial de Ciências Aplicadas 12 (9): 1544-1548.

Ahmed, H. A.(201 l):liver hydatid cyst: patteren and methods of surgical treatment. The N. Iraqi J. Med.,7(1): 5-10 .

Akdemir G, Daglıoglu E, Se^er M, Ergtingor F . (2007):quistos hidáticos do canal acústico interno e do forame jugular. Journal of Clinical Neuroscience; 14(4):394-6.

AL - Mosa, M.A.A.(2001): Estudo epidemiológico da hidatidose na província de Najaf. Tese de Mestrado, Faculdade de Medicina, Universidade de Kufa.

Al - Mukaid, A. R.(1925) :Doença hidática na órbita. Bagdad . Med . Rev, 1:216 -221.

AL- Autabbi, J. R. Z. (2002):Doença de Haydatid: Um estudo retrospetivo de três hospitais em Bagdade durante 1994-1999. J. Fac. Med, (Bagdade), 44(3): 514-521.

Al- Salamy, A. M. A. (2000.):Epidemiologia dos quistos hidáticos em camelos na província de Najaf, Iraque. Tese de Mestrado, Coll. Sci. Al-Mustansariyah Univ.

AL-amranm F. G. Y. (2008): Surgical experience of 825 patients with thoracic hydatidosis in Iraq, Ind J Thorac Cardiovasc Surg , 24: 124-128.

Al-Asady, R. A. (2009): Produção de autoanticorpos por pacientes pediátricos iraquianos infectados com Leishmaniose visceral com estudo de alguns aspectos epidemiológicos, clínicos e de diagnóstico da doença. Tese de doutoramento, Faculdade de Medicina, Universidade de Bagdade.

Al-Barwari, S. E.; Saeed, I. S.; Khlid, W.e Al-Harmni, K. I. (1991): HIDATIDOSE HUMANA EM ARB IL, N. IRAQUE. Jornal da Academia Islâmica de Ciências 4:4, 330-335.

Aldulaimi S. S.; Saida, L. A. and Yousufaui, R.(1992):Human hydatidosis in Al-Anbar province during four years record (1987-1995). Iraque. J. Microbiol, 2: 19-30.

AL-Fadagh,Z.A.; Al -hawaz,M.H e Al-Badir, W.M.(2002): Cisto hidático hepático complicado em Basrah. IJGE Issue 2 ,Vol.l: 27-31.

Allen, J.E. e Maizels, R.H. (1996): Immunology of human heliminthic infection (Imunologia da infeção helimíntica humana). Int. Arch. Allergy Immunol, 109: 3-10.

Almeida, F. B.; Rodrigues -Silva, R N. ; Neves, R. H. ; Romani, E. L. S. e MachadoSilva, J. R. (2007): Variação intraespecífica de Echinococcus granulosus em rebanhos do Peru. Vet. Parasitol., 143: 50-58.

Al-Nakeeb, S. A. R. (2004): ESTUDO SEROEPIDEMIOLÓGICO E TERAPÊUTICO DA INFECÇÃO POR QUISTO HIDÁTICO NA PROVÍNCIA DE KIRKUK E TIKRIT. Tese de Mestrado, Faculdade de Medicina, Universidade de Tikrit.

Al-saimary A. E., Abdulnbi H M., Laibi A e Jwad A R.(2011): A Ocorrência de H. Pylori na Doença Hepática Hidatiforme, ADV. BIORES. VOL. 2[1] : 62-66.

Al-Saimary, I. E.; Al-Shemari, M. N. e Al-Fayadh. M. M. A.(2010): Achados epidemiológicos e imunológicos sobre a hidatidose humana. Revista Africana de Investigação Microbiológica Vol. 4(14), pp. 1499-1505.

Al-Samarrae, A. J. I. e Al-Samarrae, J. A.(1998): estudo hospitalar da doença hidática na província de Salah Al-Deen. Med. J. Tikrit Univ, 4: 62-64.

Al-Timimi, K.O.(1993): Estudo epidemiológico sobre quistos hidáticos na província da Babilónia. Dissertação de Mestrado. Tese, Faculdade de Medicina Veterinária, Universidade de Bagdade.

Ammann R.W. e Eckert, J.(1996): Cestodes. Echinococcus. Gastroenterol Clin North Am; 25: 655-689.

Ammann, R. e Eckert, J. (1995): Diagnóstico clínico e tratamento da equinococose em humanos. In: Echinococcus hydatid disease ,Thompson ,R.C.A.and Lymbery,A.J.(eds.),CAB International,

Wallingford, U.K., page: 411-463.
e Ramzy R.M. (2004): A retrospective hospital study of human cystic echinococcosis in Egypt. Tropical medicine and international health, 10: 349- 357.

Anderson, R. I.; Sadun, E. H. e Williams, J. S. (1961): A techniqu for the use of minute amount of dried blood in the fluorescent antibody test for Schistosomiasis. Exp. Parasitol,; 11: 8-10.

Anónimo (1981): Immunodiagnosis of hydatid disease in man (Imunodiagnóstico da doença hidática no homem). FAO, UNEP. WHO guidelines for surveillance, prevention and control of echinococcosis. OMS, Genebra: 46-65.

Anyfantakis, D.; Blevrakis, E.; Vlachakis , I. e Arbiros ,1. (2010): Hidatidose hepatopulmonar em uma menina de dez anos de idade: um relato de caso. Journal of Medical Case Reports ; 4:205.

Arend, A.C.; Zaha, A.; Ayala, F.J. e Haag, K.L. (2004): O antigénio B de Echinococcus granulosus apresenta um elevado grau de variabilidade genética. Exp. Parasitol, 108: 76-80.

Arora, D.R. e Arora, B. (2009): Medical parasitology .satish kumar Jain for CBS Publisher and distributors ,2nd ed . 129- 134.

Aslan, M.; Saribas, S.; Polat, E. ; Cakan, H.; Yuksel, P.; Arıkan, S.; Oner, Y. A. ; Torun, M. M. ; Zengin, K. e Kocazeybek B.(2009): Can cystıc echınococcosıs trıgger autoımmunıty? African Journal of Microbiology Research Vol. 3(11) pp. 787-790.

Baban, M. R. A . (1990): estudo sobre a epidemiologia dos quistos hidáticos em Al-Tameem, Dyala e Thi-Qar. Tese de Mestrado, Faculdade de Educação, Universidade de Salahaddin.

Babero, B. B. e Al - Dabagh, M. A. (1963): A zoonose dos parasitas animais no Iraque. IX Uma infeção experimental de cão com Echinococcus de origem humana. J. Fac. Med. Bagdade, 5: 79-85.

Bakir, F. e AL-Omeri, M. M.(1969): Echinococcal tension pneumothorax. Medical Department and Cardio-thoracic Unit, Medical College an Repulic Hospital,Thorax 24, 547-556.

Balci, A.E.; Eren, N.; Eren, S. e Ulku, R. (2002): Ruptured hydatid cysts of the lung in children: Revisão clínica e resultados da cirurgia. Ann. Thorac. Surg., 74: 889-92.

Barbieri, M.; Ferna'ndez, V.; Gonzalez, G.; Luaces, V.M. e Nieto, A. (1998): Avaliação diagnóstica de um péptido sintético derivado de uma nova subunidade do antigénio B em relação a outros péptidos disponíveis e antigénios nativos utilizados na serologia da hidatidose quística. Parasite Immunology, 20: 51-61.

Baron, S., Peake, R.C., James, D.A., Susman, M., Kennedy,C.A., Singleton,M.D. eSchuenke, S.(1996) . Microbiologia Médica. 4th ed. Universidade do Texas Medical Branch em Galveston. ISBN.

Bchir, A.; Larouze, B.; Hamdi, A.; Bouden, L; Letaiff, R.; Prazuck, T.; Dridi, M.; Gaudebout, C.; Roussed, J. J. e Jemmail, M. (1989)distribuição da hidatidose cirúrgica no centro da Tunísia (1982 - 1985). Ata. Trop, 46: 47 - 53.

Beard, T.C. (1978): Evidence that a hydatid cysts in rarely "as old as patient", Lancet, 2: 30-32.

Beaver, P.C.; Jung, R.C. e Cupp, E.W. (1984): Cyclophyllidean tapeworms. In: Clinical parasitology, Beaver, P.C., Jung, R.C. and Cupp, E.W. (eds.), 9th edition, New York: 527-43.

Bedioui, H.; Jowini, M.; Nouira, K.; Bouzid, T.; Kacem, M. e Ben Safta, Z. (2005): Cisto hidático primário da glândula adrenal. Relato de 2 casos. Ann. Clin., 130: 104-7.

Beggs, I. (1985): The radiology of hydatid disease. Am. J. Roentgenol, 145: 639-48.

Belding, D.L (1964): Textbook of Parasitology Appleton-century crofts, Inc.Third ed.,Pp. 626-640

Bell, R.G. (1996): IgE, alergias e parasitas helmintos: A new perspective on an old conundrum. Immunol. Cell. Biol., 74: 337-45.

Ben-Musa, A.A.; Singfi, H.; Shambesh, A.H. e Chugh T.C. (1990): Cardiac hydatid cyst in Child.

Pediatria Clínica, 29: 409-11.

Benner,C.; Carabin , H. ; Sanchez-Serrano, L. P.; Budke , C. M. & Carmena D.(2010): Análise do impacto económico da equinococose cística em Espanha .Boletim da Organização Mundial de Saúde;88:49-57.

Berlin ,T.,Zandman-Goddard,G., Blank,M., Shoenfeld,Y. (2007). Autoanticorpos em indivíduos não auto-imunes durante infecções. Ann N. Y. Acad. Sci., 1108:584-593.

Boyden, S.V. (1951): A absorção de proteínas em eritrócitos tratados com ácido tânico e subsequente hemaglutinação por soros antiproteína. J. Exp. Med., 93: 107-20.

Budke, C. M. ; Deplazes, P. e Torgerson, P. R. (2006): Global socioeconomic impact of cystic echinococcosis, Emerging Infectious Diseases, vol. 12, no. 2, pp. 296-303.

Bui, L.T.; Stenzel, D.J. e Jones, M.K. (1999): Reavaliação dos tipos vesiculares no tegumento sincicial do protoscolex de E.granulosus. Parasitol. Res., 85: 35- 40.

Cabezon, C.; Cabrera, G.; Paredesa, R.; Ferreira ,A.e Galanti, N.(2008): Calreticulina de Echinococcus granulosus: Caracterização molecular e localização em cistos hidáticos. Mol. Immunol. 45: 1431-1438.

Cantu-Martinez MA, Silva-Paez ML, Avalos-Ramirez R, Wong-Gonzales Salinas-Melendez JA, Segura Correa JC (2008). Prevalência de anticorpos contra Anaplasma marginale em veados de cauda branca (Odocoileus virginianus texanus) em fazendas de caça no nordeste do México, J. Anim. Vet. Adv., 7(11): 1495-1498.

Capron, A.; Vernes, A.e Biguet, J.(1967):Le diagnostic immuno-'electrophor'etique de l'hydatidose. In: Le Kyste Hydatique du Foie, Capron, A.; Vernes, A. and Biguet, J. (eds.), SIMEP, Lyon, page: 27-40.

Caremani, M.; Bend, A.; Maestrini, R.; Accorsi, A.; Caremani, D. e Lapini, L. (1997): Imagem ultra-sonográfica na equinococose cística. Proposta de uma nova classificação ultra-sonográfica. Ata Trop., 67: 91-105.

Carmona, C.; Perdomo, R.; Carbo, A.; Alvarez, C.; Monti, J.; Grauert, R.; Stern, D.; Perera, G.; Lloyd, S.; Bazini, R.; Gemmell, M.A. e Yarzabal, L. (1998): Fatores de risco associados à equinococose cística humana na Flórida, Uruguai: Resultados de um estudo de triagem em massa usando ultrassom e sorologia. Am. J. Trop. Med. Hyg., 58: 599-605.

Castagnari, L. e Pozzuoli, R. (1969). Studio electroforetico ed immunoelectroforetico del liquido cistico. Ann. Scalavo, 11: 99-106.

Cataldo A D, Latino R, Colusa A , G L .(2009): Evolução inexplicável de um cisto hidático . World J Gastroenterol. ,14; 15(26): 3309-3311.

Chang, K.H. e Han, M.H. (1998): MRI de doenças parasitárias do SNC. J. Magn. Reson. Imaging, 8: 297-307.

Cheesbrough, M. (1998): Testes Parasitológicos. In: District laboratory practice in tropical countries. Cambridge University Press, Reino Unido, pagre: 1003-7.

Chiodini,P.L.; Moody,A.H. e Manser ,D.W. (2001): Atlas of Medical Helminthology and Protozoology. Harcourt Puplishers limited ,1st ed.,Pp:25.

Colebrook, A. L. e Lightowlers M. W. (1995): Ausência de uma associação entre a doença hidática e a autoimunidade. Parasite Immunology, Blackwell Science Ltd, 17: 219-222

Cox F. E. G. (2002) : History of Human Parasitology. Sociedade Americana de Microbiologia . Vol. 15, No. 4,p. 595-612

Craig, P.S. (1997): Imunodiagnóstico de E. granulosus e comparação de técnicas para o diagnóstico da equinococose canina. In: Compendium on cystic echinococcosis, Andersen, F.L.; Ouhelli, H. and Kachani, M. (eds.), Brigham Young University, Print Services, Provo, UT, USA, page:

85-119.

Craig, P.S.; Rogan, M.T. e Allan, J.C. (1996): Deteção, rastreio e epidemiologia comunitária de zoonoses de cestóides taeniídeos: equinococose cística, equinococose alveolar e neurocisticercose. Avanços em parasitologia, 38:169-250.

Craig, P.S. (1993): Imunodiagnóstico de Echinococcus granulosus. In: Compendium on Cystic Echinococcosis with Special Reference to Xinjiang Uygur Autonomous Region, Andersen, F.L.; Chai, J. and Liu, F. (eds.), 2 nd ed., Brigham Young University, Print Services, Lippincott publishers, Provo, Utah. Page: 85-118.

Craig, P.S. e Nelson, G.S. (1984): The detection of circulating antigen in human hydatid disease. Ann. Trop. Med. Parasitol, 78:219-27.

Craig, P.S.; Macpherson, C.N. e Nelson, G.S. (1986): A identificação de ovos de Echinococcus por imunofluorescência usando um anticorpo monoclonal anti-oncosferal específico. Am. J. Trop. Med.Hyg., 35:152-158.

Czermak, B.V.; Akhan, O.; Hiemetzberger, R.; Zelger, B.; Vogel, W.; Jaschke, W., et al. (2008): Echinococcosis of the liver. Abdom Imaging ,33(2): 133-43.

Da Silva , A. M.(2010): Equinococose Humana: Uma Doença Negligenciada. Gastroenterology Research and Practice.Pp.1-9.

Daeki, O.; Craig, P.S. e Shambesh, M.K., (2000): IgG-subclass antibody responses and the natural history of hepatic cystic echinococcosis in asymptomatic patients. Ann. Trop. Med. Parasitol, 94: 319-328.

Dakkak, A.(2010): Equinococose/hidatidose: uma ameaça grave nos países mediterrânicos. Veterinary Parasitology, vol. 174, no. 1-2, pp. 2-11.

Dale, et al,(2007): ACP Medicina

Darwish, B.(2006): Manifestações clínicas e radiológicas de 206 doentes com hidatidose pulmonar ao longo de um período de dez anos. Prim Care Resp J. 15:246-251.

Davis, C.; Rickard, M.D.; Bout, D.T. e Symth, J.D. (1978): Ultrastructural immunocytochemical localization of two hydatid fluid antigens (antigen 5 and antigen B) in the brood capsules and protoscolices of ovine and equin E.granulosus and E. multilocularis. Parasitologia, 77: 143-52.

Dekumyoy, P.; Riyong, D.; Pakdee, W. e Waikagul, J. (2005): ELISA negativo utilizando antigénios nativos e filtrados do fluido cístico para excluir a equinococose cística. Southest Asian J. Trop. Med. Saúde Pública, 36 Suplemento, 4: 139-45.

Dennis, T.; Stich, A. e Frosch, M. (2008): Emergência de Equinococose Neotropical Policística. Doença Infecciosa Emergente 14.2: 292-97. Web. 21 de fevereiro de 2010 .

Dibarboure, L.; Botta, B.; Paolillo, E.; Cohen, H. (1991):Hidatidose: Carcacterizacinon de poblaciones del Dpto de Durazno. Arch Hidat; 30: 239 - 258.

Dottorini, S.; Sapravali, M.; Bellucci, C. e Magnini, V. (1985): E. granulosus: Diagnóstico da doença hidática no homem. Ann. Trop. Med. Parasitol, 79: 43-9.

Dtsch. Med. Wochenschr., 127: 1638-42.

Dubinsky, P.; Stefancikova, A.; Turcekova, L.; Macko, J.K. e Soltys, J. (1998): Desenvolvimento e variabilidade morfológica de E. granulosus. Parasitol. Res., 84:221-9.

Dyer, R. A.; Gordon, P. C.; De Groot, K. M.; Walther, G. e James M. F. (2001). Excisão de um cisto hidático gigante do pulmão sob anestesia epidural torácica. Anaesth. Intens. Care, 29: 181-184.

Eckert J. ; Gemmell, M.A. ; Meslin, F. X. e Pawłowski, Z.S.; (2001): WHO/OIE Manual on Echinococcosis in Humans and Animals: a Public Health Problem of Global Concern, Organização Mundial de Saúde Animal (Office International des Epizooties) e Organização Mundial de Saúde.

Eckert, J. e Deplazes, P. (2004): Biological, Epidemiological, and Clinical Aspects of Echinococcosis, a Zoonosis of Increasing Concern. Clinical Microbiology Reviews, 17, (l):p. 107-135.

Edelweiss, M.I.; Daut, H.M.; Goldstein, H.F; e Garcia, C. (1992): Hidatidose hepática com envolvimento glomerular: Relato de um caso. Rev. Assoc. Med. Bars., 38: 31-2.

Ekici, O. D. e Sevinc, F.(2011): Comparação dos testes cELISA e IFA no serodiagnóstico da anaplasmose em bovinos. Revista Africana de Investigação Microbiológica Vol. 5(10), pp. 1188-1191.

El-Arousy, M.H. e Ismail, S.A. (2005): Equinococose cerebrospinal: Serodiagnóstico utilizando diferentes antigénios de fluido de quisto hidático. J. Egypt. Soc. Parasitol., 35(1): 193-204.

Elder K. et al (2005): Infections, Infertility, and Assisted Reproduction (Infecções, Infertilidade e Reprodução Assistida). Estados Unidos da América, Cambridge University Press, Nova Iorque. 158 .

El-Fortia, M.; El Gatit, A. e Bendaoud, M.(2006): Muralhas de ultrassom em equinococose pulmonar (nova aplicação). Ultraschall Med. ,27:553-557.

Erickson A. (2010): Hydatid disease. Departamento de Agricultura da Austrália Ocidental.

Eslami, A. (2005). Helmintologia, Cestodes. Editora da Universidade de Teerão, Teerão, 3ª ed.

Eviliyaoglu, C.; Yuksel, M.; Gul, B.; Kaptanoglu, E. e Yaman, M. (1998): Taxa de crescimento de múltiplos cistos hidáticos intracranianos avaliados por TC a partir do momento da embolização. Neuroradiology, 40: 387-9.

Ferreira, A.M.; Irigoin, F.; Breijo, M.; Sim, R.B. e Diaz, A. (2000): Como E. granulosus lida com o complemento? Parasitol. Hoje, 16: 168-72.

Flisser A. e Craig Ph. S. (2006): Parasitologia, Helmintos, Cestódeos larvais, Introdução, classificação e história. In: Topley & Wilson's Microbiology and Microbial Infections .(eds.), lOth.ed.

Foster, W. D. (1965): A history of parasitology. Livingstone, Edimburgo, Reino Unido.

Fotiadis, C.; Sergiou, C.; Kirou, J.; Troupis, T.G.; Tselentis, J.; Doussaitou, P.; Gorgoulis, V.G. e Sechas, M.N. (1999): Infeção experimental por Echinococcus no modelo do rato: Reação de imunidade celular pericística e efeitos nos órgãos linfóides de ratinhos imunocompetentes e timectomizados. In vitro, 13: 541-6.

Fraga de Azevedo, J. e Robert, P.C. (1965): L'application de L'immunofluorescene en diagnostic deL'echinococcose.Ann. Parasitol. Hum. Comp., 40: 524-9.

Frayha, G.J.; Lawlor, W.K.and Dajani, R.M.(1971) : Echinococcus granulosus em ratinhos albinos: Efeito do sexo do hospedeiro e das hormonas sexuais no crescimento do HC. Exp Parasit, 29:255-262.

French, C. M. e Nelson, G. S. (1982): Hydatid disease in the Turkana district of Kenya. II. Um estudo de geografia médica. Ann Trop. Med. Parasitol, 76: 425- 437.

Fromsa, A. e Jobre , Y.(2011): Prevalência da infeção por hidatidose (Echinococcus granulosus, Batsch, 1786) em animais domésticos na Etiópia: Um relatório de síntese de inquéritos anteriores. Faculdade de Agricultura e Medicina Veterinária, Universidade de Jimma. Ethiop. Vet. J., 15 (2):11- 33.

Gandhi, M. (2004). Immunology. Blueprints microbiology and immunology; 161-187, 6ª ed., Lisboa, Portugal.

Garabedian, G.A.; Matossian R.M. e Djanian A.E. (1957): An indirect haemagglutination test for hydatid disease. J. Immunol, 78: 269-72.

Garcia, L.S. (2001): Cestódeos teciduais. In: Diagnostic medical parasitology, Larson, J. and Ho, j.

(eds.), ASM Press, Washington, USA, page: 386- 412.

Gargouri,M.;Amor,N.B.;Chehida,F.B.;Hammou,A.;Gharbi,H.A.;Cheikh,M.B. ;Kchouk,H. Ayachi ,K. and Golvan,J.Y. (1990): tratamento percutâneo de quistos hidáticos (Echinococcus granulosus).Cardiovasc Intervent Radiol ,13:169-173.

Gasser, R.B.; Jenkins, D.J.; Heath, D.D. e Lawrence, S.B. (1992): Utilização de antigénios de vermes Echinococcus granulosus para o imunodiagnóstico da infeção por Echinococcus granulosus em cães. Vet. Parasitol, 45: 89-100.

Gasser, R.B.; Parada, L.; Reichel, M.P. e Paolillo, E. (1994): Immunological assesment of exposure to Echinococcus granulosus in a rural dog population in Uruguay. Ata Tropica, 58: 179-185.

Gemmell, M.A. e Lawson, J.R.(1986): Epidemiologia e controlo da doença hidática. In: Thompson, R.C.A. (ed.), The biology of echinococcus and hydatid disease. London: Allen and Unwin, 189-216.

Gharbi HA, Hassine W, Brauner M, Dupuch K. (1981): Exame ultrassonográfico do fígado hidático. Radiologia, 139: 459-463.

Girelli, G.; Teggi, A.; Perrone, M.P. e De-Rosa, F. (1993): Autoimunização anti-eritrocitária na doença hidática. Int. J. Clin.Lab. Res., 23 (2): 113-5.

Goldman, L. & Bennett, J. C. Textbook of Medicine. 21thedition. Acad.Press, NewYork, 2000.

Goldsmith, R.S. (2005): Doenças infecciosas: Protozoários e helmintos. In: Current medical diagnosis and treatment, Tierney, L.M.; McPhee, S.J. e Papadakis, M.A., (eds.), 44ª edição, Lange Medical Books/ McGraw-Hill, EUA, pág: 127-130.

Gonlugur, U.; Ozcelik, S.; Gonlugur, T.E. e Celiksoz, A. (2005): O papel do teste cutâneo de Casoni e do IHAT no diagnóstico da doença hidática. Parasitol. Res., 95(5): 395-8.

Gonzalez-Sapienza, G.; Lorenzo, C. e Nieto, A. (2000b): Melhoria do imunodiagnóstico da doença hidática cística através da utilização de um péptido sintético com um valor de diagnóstico superior ao da sua proteína-mãe, o antigénio B de Echinococcus granulosus. Microbiol, 38: 3979-3983.

Gosling P J., (2006) : DICIONÁRIO DE PARASITOLOGIA. Taylor & Francis :78

Gossios, K.J.; Kontoyiannis, D.S.; Dascalogiannaki, M. e Gourtsoyiannis, N.C. (1997): Locais incomuns de doença hidática, aparências de TC. Eur. Radiol.,7: 1303-8.

Gottstein, B. (1992): Molecular and immunological diagnosis of echinococcosis. Clin. Microbiol. Rev., 5(3): 248-61.

Gottstein, B. e Reichen, J. (2003): Echinococcosis/ hydatidosis.In: Manson's tropical diseases, Cook, G.C. e Zumla, AT., (eds.), 21ª edição. Elsevier Science Limited, Londres, página 130135: 130-135.

Gottstein, B.; Dai, W.J.; Walker. M.; Stettler M, Muller N, Hemphill A (2002) Uma camada laminada intacta é importante para o estabelecimento de uma infeção secundária por Echinococcus multilocularis. Parasitol Res 88(9):822-828.

Grove, D.I. (1990): A History of Human Helminthology. CAB International: Wallingford .

Guisantes, J.A. e Varela-Diaz, V.M. (1975): Testes de aglutinação em látex e de dupla difusão para o imunodiagnóstico da doença hidática humana. Bol. Chil. Parasitol, 30: 54-7.

Halezeroglu, S.; Celik, M.; Uysal, A.; Senol, C.; Keles, M. e Arman, B. (1997): Giant hydatid cyst of the lung. J. Thorac.Cardiovasc. Surg., 113: 712-7.

Hassan ,A.H. e Ahmed ,R.R. (2006): Revisão de 150 casos de quisto hidático hipático. IJGE Edição 6 Vol 1: 55-60.

Heath, D.D. (1971): The migration of oncospheres of Taenia pisiformis, T. serialis and Echinococcus granulosus within the intermediate host. Int J Parasitol 1: 145-52.

Heath, D.D. e Lawrence, S.B. (1996): Antigenic polypeptides of E. granulosus oncospheres and definition of protective molecules. Parasite Immunol, 18: 347- 57.

Hemming, A. e Gallinger, S. (2003): Liver. In: Essential Practice of Surgery Basic Science and Clinical Evidence. Norton, J. A.; Bollinger, R. R.; Chang, A. E.; Lowry, S. F.; Mulvihill , S. J.; Pass, H. I. e Thompson, R. W(eds): Springer-Verlag New York, Inc. 1ª ed., p. 2352. 1ª ed. Pp. 235250.

Holeman, B. e Heath, D.D. (1997): Os estágios iniciais do desenvolvimento de E. granulosus. Ata Trop., 64: 5-17.

Horton, R. J. (1989): Quimioterapia da infeção por Echinococcus no homem com albendazole. Trans. Roy. Soc. Trop. Med. Hyg, 83:97-102

Huizinga WKJ, Grant CS, Daar AS. Hydatid disease. In: Morris PJ, Wood WC, eds. Oxford Textbook of Surgery 2nd edition Oxford University Press, 2000: 3298-3305.

Hussain, A. A.; Maqbool, A.; Tanveer e A. Anees (2005): Studies on morphology of Echinococcus granulosus from different animal-dog origin. Punjab Univ. J. Zool., '20 (2): 151-157 .

Ito, A.; Nakao, M. e Sako, Y.(2007): "Echinococcosis: serological detection of patients and molecular identification of parasites," Future Microbiology, vol. 2, no. 4, pp. 439 449.

Jeffrey A. et al. (2002) : Essential Practice of Surgery Basic Science and Clinical Evidence

Jeffrey A. Norton et al.(2003): Essential Practice of Surgery Basic Science and Clinical Evidence. Springer-Verlag New York, Inc. p:239-241.

Jenkins, D.J. (2001): WHO/OIE Manual on echinococcosis in humans and animals: a public health problem of global concern. International Journal for Parasitology, 31: 1717-1718.

Jenkins, D.J.; Gasser, R.B.; Zeyhle, E.; Romig,T. e Macpherson, C.N. (1990): Avaliação de um teste serológico para a deteção da infeção por Echinococcus granulosus em cães no Quénia. Ata Tropica, 47: 245-248.

Joiner, K.A. (2000): Doenças de protozoários e metazoários. In: Cecil textbook of medicine, Goldman, L. and Bennett, J.C., (eds.), 21 edition, W.B. Saunders Company, Pennsylvania, page: 140146.

Kaddah, M.H.; Maher, K.M.; Hassanein, H.I.; Farrag, A.I.; Shaker, Z.A. e Khalafallah, A.M.(1992): Avaliação de diferentes técnicas de imunodiagnóstico para o diagnóstico da hidatidose no Egito. J. Egypt. Soc. Parasitol., 22 (3): 653-65.

Kadir, M. A. e Rasheed , S. A.(2008): Prevalência de alguns helmintos parasitas em ruminantes abatidos no matadouro de Kirkuk, Kirkuk, Iraque. Faculdade de Medicina, Tikrit, Iraque, e Instituto Técnico, Kirkuk, Iraque. Iraqi Journal of Veterinary Sciences, Vol. 22, No. 2, Pp.8185.

Kadir,M.A. e Saaid, L.A. (1997). O efeito do Albendazole e do Mebendazole nas protoscolicies de Echinococcus granulosus . the med. J. Tikrit Unvi., 3: 115- 120 .

Kakkos SK, Mouzaki A, Vagianos CE (2001). Modificações do sistema imunitário causadas pelo cestode. Echinococcus granulosus: Areview. Ann. Gastroenterol. 14: 91-98.

Kanat, F.; Turk, E. e Aribas, O.K. (2004): Comparação de cistos hidáticos pulmonares em crianças e adultos. ANZ J. Surg., 74(10):885-9.

Kandeel, A.; Ahmed, E.S.; Helmy, H.; El Setouhy, M.; Craig, P.S.

Kanwar, J. R.; KaushYk, S. P.; Sawhney, I. M. e VYnayak, V.K. (1992): Specific antibodies in serum of patients with hydatidosis recognized by immunoblotting, J. Med. Microbiol, 36: 4651.

Karimi, A. e Dianatpour, R. (2008): Genotypic and Phenotypic Characterization of Echinococcusgranulosus oflran. Biotechnol., 7(4): 757-762 .

Karpathios, T.; Fretzayas, A.; Nicolaidou , P.; Popadellis , F.; Vassalos, M.; Tselentis, J.; Thomodis, T. e Matsaniotis, N. (1986):Statistical aspects of hydatid disease in Greek adults. Am. J. Trop.

Med. Hyg, 34: 124-128.

Karpathios, T.; Fretzayas, A.; Nicolaidou , P.; Popadellis , F.; Vassalos, M.; Tselentis, J.; Thomodis, T. e Matsaniotis, N. (1986):Statistical aspects of hydatid disease in Greek adults. Am. J. Trop. Med. Hyg, 34: 124-128.

Karyakarte ,R. e Damle, A. (2002): Parasitologia Médica . Arunabhasen , Books and Allied (p) Ltd., 8/1 chintamoni Daslane KolKata . J.5: 97- 123

Kasper, D. L.; Braunwald , E . ; Fauci , A. S. ; Hauser, S. L. ; Longo, D. L. e Jameson, J. L. (2005): Equinococose, INFECÇÕES HELMÍNTICAS, In: Manual de Medicina de HARRISON. 16ª ed. ,p.589.

Kaufmann, S.H.E. (1994): Heat shock protein and autoimmunity a critical appraisal. Int. Arch. Allergy Immunol. 103: 317-322.

Kean, B. H., K. E. Mott, e A. J. Russell (ed.)(1978): Tropical medicine and parasitology: classic investigations. Cornell University Press, Ithaca, N.Y. 595.

Kelly T.D.e Izzi, N.(1959) : Pulmonary hydatid disease in Iraq. J Fac Med Bagdade, 1:115-140.

Kern, P.(2003): Infeção por Echinococcus granulosus: apresentação clínica, tratamento médico e resultado. Langenbecks Arch Surg ; 388:413 420.

Kervancioglu, M. e Elbeyli, L. (1999): Achados de TC na doença hidática pulmonar. Ata Radiol, 40: 510-4.

Khan,A.H.; Elsageyer, M.M. e Kidawi, S.A. (1990): Seroepidemiological study of human hydatid disease in Libya using finger prick blood samples. Ann. Trop. Med. Parasitol, 84: 537-9.

Khuroo, M. S. (2002). Hydatid Disease: Estado atual e avanços recentes. Ann. Saudi Med., 22: 59-64.

Khuroo, M.S.; Dar, M.Y.; Yahoo, G.N.; Shah, A.H. e Jeelani, S.G.(1993): Percutaneous drainage versus albendazole therapy in hepatic hydatidosis: a perspective, randomized study. Gastroenterology, 104:1452-9.

Kidess, E.A.; Akiel A.S. ; aqeel H.S. et al.(1988): Echinoccosis : an obstetric and gynecologic view. Ann Saudi Med;8:202 -207.

Kojundzic, S. L.; Dolic, K.; Buca, A.; Jankovic, S. e Besenski, N. (2010): Doença de hidátide com envolvimento de múltiplos órgãos: Um relato de caso. Macedonian Journal of Medical Sciences, 3(2):154-158.

Kuzucu, A.; Soysal, O.; Ozgel ,M. e Yologlu, S.(2004): Complicated hydatid cysts of the lung: clinical and therapeutic issues. Ann Thorac Surg;77:1200-1204.

Lacona, A.; Pmic, C. e Vicari, G. (1980): Enzyme linked immunosorbent assay (ELISA) in the serodiagnosis of hydatid disease. Am. J. Trop. Med. Hyg., 29: 95-102.

Latif, A. A.; Tanveer, A.; Riaz-ud-Din, S.; Maqbool, A. e Qureshi.

Li, J.; Zhang, W.B.; Wilson, M.; Ito, A. e McManus, D.P. (2003): Um novo antigénio recombinante para o imunodiagnóstico da equinococose quística humana. J. Infectious Diseases, 188: 1951-60

Lightowlers, M.W. e Gottstein, B. (1995): Equinococose /Hidatidose: Antigénios, diagnóstico imunológico e molecular. In: The biology of Echinococcus and hydatid disease, Thompson, R.C. and Lymbery, A.J. (eds.), CAB international, Walling ford, UK, page: 355-410.

Little, J.M.; Hollands, M.J.; Ekberg, H. (1988): Recurrence of hydatid disease. World J Surg, 12: 700-704.

Macpherson, C. N. L.; Spoerry, A.; Zeyhle, E.; Romig, T. e Grofe, M.(1989): Pasteralists and hydatid disease: an ultra-sound scanning prevalence survey in east Africa. Trans. Roy. Soc. Trop Med. Hyg, 83: 243 - 247.

Macpherson, C.N.L.(2001): Epidemiologia de Echinococcus granulosus em situações de transumância.In: WHO/OIE Manual on Echinococcosis in Humans and Animals: a Public Health
Problem of Global Concern, Organização Mundial de Saúde Animal (Gabinete Internacional de Epizootias) e Organização Mundial de Saúde, Eckert J. ; Gemmell, M.A. ; Meslin, F. X. e Pawłowski, Z.S.(eds.) :176-181.

Magaji, A. A., Oboegbulem, S.L; et al. (2011). Incidência da doença do quisto hidático em animais destinados à alimentação humana abatidos no Abbatoir Central de Sokoto, Estado de Sokoto, Nigéria. Veterinary World, Vol.4(5): 197-200.

Mahmoud, L.H. e El-Garhy, M.F. (2002): Um estudo histoquímico do quisto hidático e microscopia eletrónica da areia hidática de E. granulosus. J. Egypt. Soc. Parasitol, 32: 647-56.

Manson-Bahr, P.E.C. e Apted, F.I.C. (1985): Hydatid disease. In: Manson's tropical diseases. Sociedade do Livro de Língua Inglesa, Bailliere Tindall, Londres: 246.

Manterola, C.; Cuadra, A.; Munoz, S.; Sanhueza, A.; Bustos, L.; Vial, M. e Fonseca, F. (2005): Num estudo de teste diagnóstico, comparou-se a validade de três testes serodiagnósticos em pacientes com equinococose hepática. J. Clin. Epidemiol., 58(4): 401-6.

Marani, S.A.D.; Canossi, G.A.; Nicoli, F.A.; Alberti. G.P.; Monni, S.G. e Casolo, P.M.(1990): Hydatid disease: MR imaging study. Radiologia, 175:701-706.

Matossian, R.M.; Awar, G.N.; Radwan, H.; Craig, P.S. e Meshefedjan, G.A. (1992): Estado imunitário durante a terapia com albendazol para a hidatidose. Annals of tropical medicine and parasitology , 86 : 67-75.

McManus, D. e Thompson, R.C.A.(2003a): Epidemiologia molecular da equinococose quística. Parasitology; 127:S37-51.

McManus, D. P. e Thompson, R. C. A.(2003b) : Molecular epidemiology of cystic echinococcosis, Parasitology, vol. 127, pp. S37-S51.

McManus, D. P. (2009): Reflections on the biochemistry of Echinococcus: past, present and future, Parasitology, vol. 136, no. 12, pp. 1643-1652,

McManus, D.P. e Bryant, C. (1995): Bioquímica, fisiologia e biologia molecular de Echinococcus. In: The biology of Echinococcus and hydatid disease, Thompson, R.C. and Lymbery, A.J., (eds.), CAB International, Walling ford, UK, page: 355-410.

McManus, D.P.; Zhang, W.B.; Li, J. e Bartley P.B. (2003):Echinococcosis. Lancet,362: 12951304.

Mehlhorn H. ; Spock, H. A.; Behr, C. e et al. (2008): Enciclopédia de Parasitologia. 3ªed. Verlag Berlin Heidelberg New York , 2:P. 495.

Mehlhorn H. ; Spock, H. A.; Behr, C. e et al. (2008): Enciclopédia de Parasitologia. 3ªed. Verlag Berlin Heidelberg New York , 2:P 97. 823.

Men, S.; Edguer, T.R. e Hekimoglu, B. (1999): Intraaortic growth of hydatid cysts causing aortic oclusion and ocllusion of both iliac arteries. Radiologia, 213:192-194.

Menezes da Silva, A.(2010): Equinococose humana: uma doença negligenciada, Gastroenterology Research and Practice, vol. 2010, Article ID 583297, 9 pages.

Mobedi, I. A.; Arafa, F. e Farahmadian, I.(1971): Estudos sobre Echinococcus granulosus no Irão. Ata. Med. Iran, 14: 221-229.

Molan ,A. L e Baban , M. R.(1988): A seven year review of human hydatid cyst disease in Sulaimaniah province Iraq. Arab .Med .Bull, .10 :9-19.

Mongha, R.; Narayan, S. e Kundu, A.K. (2008): Cisto hidático primário de rim e ureter com hidatiúria grosseira: Um relato de caso e avaliação das caraterísticas radiológicas. Indian. J. Urol., 24: 116-117.

Morar ,R .and Feldman ,C .(2003): .Pulmonary echinococcosis . Eur . Respir .J . ,21 :1069-1077
.
Moreno, M. J. ; Benavidez, V. ; Car, H. ; Nieto ,A . e Chabalgoity , M . j .A . (2002). Respostas imunitárias locais e sistémicas de Echinococcus granuosus em cães infectados experimentalmente. Parasitolgy J, 119:37-50 .

Moro , P. Schantz, P. M. (2008). Echinococcosis: a review. Jornal Internacional de Doenças Infecciosas , 13: 125-133

Moro, P. and Schantz, P. M. (2009) : Echinococcosis: a review. Sociedade Internacional de Doenças Infecciosas. Elsevier Ltd. 13, 125-133.

Moms DL, Dykes PW, Mamner SE, Bogan JA, Burrows FG (1983) Albendazole in hydatid disease. Br Med J 286:103-104

Morseth, D.J. (1967): Estrutura fina do cisto hidático e protoscolex de E. granulosus. J. Parasitol, 53: 312- 25.

Mosmann, T.R. e Sad, S. (1996): The expanding universe of T- cell subsets: Thl, Th2 e mais. Immunol. Today, 17: 138-46.

Muller, R. e Wakelin, D.(2002) : Os cestodes : Worms and Human Disease. CAB International USA ,2nd ed.Pp.63-105.

Nath, P.; Bhattacharya, S.; Dutta, V.; Joshi, G.R. e Patel, M.(2009): Doença hidatiforme primária do osso ilíaco: uma apresentação incomum, relato de caso. INHS Dhanvantri, Port Blair, A &N Islands; 65 : 180-181.

Neva, F.A. e Brown, H.W. (1993): Echinococcosis. In: Basic clinical parasitology, 5ª edição, Boston: 191-8.

Niazi, A. D. (1974): Hidatid in Iraq. Bull .End. Dis. 15: 37-50.

Oleary, P.(1976) : Uma revisão de cinco anos da doença do quisto hidático humano no distrito de Turkana, Quénia. E AfrMed J, 53:540-544.

Oliviero, U.; Scordino, F.; Scherillo, G.; Tosone, G.; Orlando, R. e Fazio, S. (2000): Isquemia miocárdica causada por um cisto hidático do septo interventricular tratado com sucesso com albendazol. Itai, heart J., 1: 431-4.

Ortana E. et al (2003) . Caracterização molecular e imunológica da região C-terminal de uma nova proteína de choque térmico 70 de Echinococcus granulosus. Parasite Immunology ,25,119-126.

Ortona, E.; Rigan'o, R.; Margutti, P.; Notargiacomo, S.; loppolo, S.; Vaccari, S.; Barca, S.; Buttari, B.; Profumo, E.; Teggi, A. e Siracusano, A. (2000): Antigénios nativos e recombinantes no imunodiagnóstico da equinococose quística humana. Parasite Immunol. , 22: 553-559.

Osborne, P.J. e Heath, D.D. (1982): Immunization of lambs against E. granulosus using antigens obtained by incubation of oncospheres in vitro. Res. Vet. Sci., 33: 132-3.

Othman,A. K. (1984) :Hydatid Disease in the Libyan Jamahiriya. Arab. J. Med, 3(2): 13-16.

Ozkol, M.; Kilimcioglu, A.A.; Girginkardesler, N.; Balcioglu, EC.; Sakru, N.; Korkmaz, M. e OK, U.Z. (2005): Uma discrepância entre a equinococose cística confirmada por ultrassom e a soropositividade em crianças turcas. Ata. Trop., 93(2): 213-6.

Pawlowski, Z. (1997): Pontos críticos no tratamento clínico da equinococose quística: Uma revisão revista. In: Compendium on cystic echinococcosis, Andersen, F.L.; Ouhelli, H. and Kachani, M., (eds.), Brigham Young University, Print Services, Provo, UT, USA, page:

11935.

Pearson, M.; Le, T. H. ; Zhang, L. H. ; Blair, D.; Dai, T. H. N. e McManus, D. P. (2002):Taxonomia molecular e análise de estirpes em Echinococcus. In: Cestode zoononoses: echinococcosis and cysticercosis, an emergent and global problem, Craig, P. and Pawlowski, Z. (ed.). IOS Press, Amesterdão, Países Baixos.

Pender, M. P. (2003): Infeção de linfócitos B autoreactivos com EBV, causando doença autoimune crónica. Trends Immunol. 24:584-588.

Pockros, P. J. e Capozza , T. A.(2005) : Infecções Helmínticas do Fígado . Current Science Inc, 7: Pp. 61-70.

Pollard, K. M.(2006): Autoantibodies and Autoimmunity, Molecular Mechanisms in Health and Disease. WILEY-VCH Verlag GmbH & Co. KGaA, Weinheim, Alemanha. P.8.

Poretti, D.; Felleisen, E.; Grimm, F.; Pfister, M.; Teuscher, F.; Zeurcher, C.; Reichen, J. e Gottstein, B. (1999): Differential immunodiagnosis between cystic hydatid disease and other cross reactive pathologies. Am. J. Trop. Med. Hyg., 60(2): 193-202.

Poretti, D.; Felleisen, Grimm, F. et al.(1990): Imunodiagnóstico diferencial entre a doença hidática cística e outras patologias de reação cruzada. Am . J . Trop . Med . Hyg. 60: 193 - 198

Raether, W. e Hanel, H.(2003): Epidemiologia, manifestações clínicas e diagnóstico de infecções zoonóticas por cestodes: uma atualização. Parasitol Res ; 91: 412-438.

Ramadan, N.I. e El Damaty, S.I. (2000): A preliminary screening study of human cystic echinococcosis in Cairo slaughterhouse personnel. J. Egypt. Soc. Parasitol, 30(l):329-39.

Rashed, S.M.; El-Haywan, I.A.; Nagaty, I.M.; Hussein, A.H. e Saad, A. (2003): Demonstração de componentes específicos de espécies e reactivos cruzados de antigénios de fluidos de quistos hidáticos. J. Egypt. Soc. Parasitol., 33(1): 315-28.

Rausch, R. e D'Alessandro (2002): A epidemiologia da equinococose causada por Echinococcus oligarthrus e E. vogeli na região neotropical. In craig , Pawlowski . Cestode Zoonoses : Echinococcosis and cysticercosis. Amesterdão: IOS press, Pp. 107- 130.

Rausch, R. L. (1994): Família Taeniidae Ludwig. In: Keys to the cestode parasites of vertebrates, Khalil, L.; Jones, A. and Bray, R. (eds.), CAB International, university press, Cambridge: 665-672.

Riffkin, M.; Seow, H.F.; Jackson, D.; Brown, L. e Wood, P. (1996): Defesa contra a barragem imunitária: Estratégias de sobrevivência dos helmintos. Immunol. Cell Biol.; 74: 564-74.

Rigano, R.; Buttari, B.; De Falco, E.; Profumo, E.; Clrtona, E.; Margutti, P.; Scotta, C.; Teggi, A. e Siracusano, A. (2004): E. granulosus, linhas de células T específicas derivadas de pacientes em vários estágios clínicos de equinococose cística. Parasite Immunol, 26(1): 45-52.

Rigano, R.; Profumo, E.; Bruschi, F.; Carulli, G.; Azzara, A.; loppolo, S.; Buttari, B.; Teggi, A. e Siracusano, A. (2001): Modulação da resposta imunitária humana pelo antigénio B de E. granulosus e o seu possível papel na evasão das defesas do hospedeiro. Infect. Immune, 69: 288 96.

Rigano, R.; Profumo, E.; Buttari, B.; Teggi, A. e Siracusano, A. (1999): Cytokine gene expression in peripheral blood mononuclear cells (PBMC) from patients with pharmacologically treated cystic echinococcosis. Clin. Exp. Immunol., 118: 95-101.

Rigano, R.; Profumo, E.; Di Felice, G.; Ortona, E.; Teggi, A. e Siracusano, A. (1995): Produção in vitro de citocinas por células mononucleares do sangue periférico de pacientes com hidatidose. Clin. Exp. Immunol, 99: 433-9

Rigano, R.; Profumo, E.; loppolo, S.; Notargiacomo, S.; Teggi, A. e Siracusano, A. (1998): Cytokine patterns in seropositive and seronegative patients with E. granulosus infection. Immunol. Lett.,64: 5-8.

Rogan, M.T. e Craig, P.S. (1997): Immunology of E. granulosus infections. Ata Trop., 67: 7-17.

Rogan, M.T. e Richards, K.S. (1987): E. granulosus: Alterações na ultra-estrutura da superfície durante a formação do protoscolex. Parasitol, 94: 359-67.

Rogan, M.T.; Craig, P.S.; Zehyle, E.; Masinde, G.; Wen, H.; e Zhou, P. (1992): In vitro killing of taeniid oncospheres, mediated by human sera from hydatid endemic areas. Ata Trop., 51: 291-6.

Rokni M. (2009) Echinococcosis /hydatidosis in Iran, Iranian J Parasitol: Vol. 4, No.2, pp.1-16.

Sabouni, F. ; Ferdosian, F.; Mamishi, F. S.; Nejat, Monnajemzadeh, M.e Rezaei, N.(2010): Envolvimento de múltiplos órgãos com cistos hidáticos. Iranian J Parasitol: Vol. 5, No.2, Pp. 65-70.

Sadjjadi, S.M. (2006): Present situation of echinococcosis in the Middle East and Arabic North Africa. Parasitol. Int., 55: 197-202.

Saeed, I.; Kapel, C.; Saida, L.A; Willingham, L.; Nansen, P.(2000): Epidemiologia de Echinococcus granulosus na província de Arbil, norte do Iraque, 1990-1998. J. Helminthol, 74(1): 83-8.

Saez, J.; Pinto, P.; Apt, W. e Zulantay, I. (2001): Equinococose cística da língua levando ao diagnóstico de múltiplas localizações. Am. J. Trop. Med. Hyg., 65: 338-40.

Safioleas M,Misiakos EP,Dosios T et al .(1999): Surgical treatment for lung hydatid disease.World JSurg;23:1181 -1185.

Saimot AG, Meulemans AC, Cremieux MD, Giovenangeli MD, Hay JM, Delaitre P (1983) Albendazole as a potential treatment for human hydatidosis. Lancet 2:652-656

Sako, Y. ; Fukuda, K.; Kobayashi, Y.; e Ito, A.(2009): Desenvolvimento de um Teste Imunocromatográfico para Deteção de Anticorpos contra Emi8 Recombinante para Diagnóstico de Equinococose Alveolar. JOURNAL OF CLINICAL MICROBIOLOGY, p. 252-254.

Sako, Y.; Nakao, M.; Nakaya, K.; Ymasaki, H.; Gottstein, B.; Lightowers, M.W.; Schantz, P.M. e Ito, A. (2002): Alveolar echinococcosis: Caracterização do antigénio de diagnóstico Em 18 e avaliação serológica do Em 18 recombinante. J Clin Microbiol, 40(8): 2760-2765

Salih, M.A. e Al- Taie, A.D. (1998): Doença hidática na província de Ninavah. Ann.Coll.Med.Mosul, 24: 62-64.

Sanchez, F.; Garcia, J.; March, F.; Auladell, C. e Prats, G. (1993): Localização ultra-estrutural dos principais antigénios HF em cápsulas de criação e protoscolices de E. granulosus de origem humana. Parasite Immunol, 5(8): 441-7.

SARI, C.; ERTUG, S.; KARADAM, S. Y.; OZGUN, H. ; KARAOGLU, A. O. e ERTABAKLAR, H.(2009): A avaliação comparativa do ensaio de imunoabsorção enzimática (ELISA), do teste de hemaglutinação indireta (IHA) e do teste de anticorpos fluorescentes indirectos (IFAT) no diagnóstico da equinococose cística. Turkye Parazitoloji Dergisi, Volume 33, Número 1, Página(s) 073-076.

Sbihi, Y.; Rmiqui, A.; Rodriguez-Cabezas, M. N.; Orduna, A.; Rodriguez-Torres,A. e Osuna, A.

(2001): Sensibilidade comparativa de seis testes serológicos e valor diagnóstico do ELISA utilizando antigénio purificado na hidatidose. J. Clin. Lab. Anal., 15: 14-18.

Schantz PM, van den Bosche H, Eckert J (1982) Chemotherapy of larval echinococcosis in animals and humans: report of a workshop. Z Parasitenkd67:5-2

Schantz, P.M. (1988): Echinococcosis. In: Laboratory diagnosis of infectious diseases, Balows, A., Hausler, W.J., Ohashi, J.M. and Turano, A. (eds.), Springer Verlag, New York Inc., page: 836-48.

Schantz, P.M. e Gottstein, R. (1986): Echinococcosis. In: Immunodiagnosis of parasitic diseases, Wall, K. W. and Schantz, P. (eds.), Academic Press, Orlando, page: 69-107.

Schantz, P.M. e Okelo, G.B. (1990): Equinococose (hidatidose). In: Tropical and geographical medicine, Warren, K.S. and Mahmoud, A.A.F., (eds.), McGraw-Hill Information Services company, USA, page: 504-18.

Schantz, P.M.; Shanks, D. e Wilson, M. (1980): Reacções sorológicas cruzadas com soros de doentes com equinococose e cisticercose. Am. J. Trop. Med. Hyg., 29: 609-12.

Schneider, R.; Gollackner, B.; Schindl , M. ; Tucek , G. e Auer, H.(2010): Echinococcus canadensis G7 (estirpe suína): Uma causa subestimada de equinococose cística na Áustria. Am. J. Trop. Med. Hyg., 82(5), Pp. 871-874.

Schulze, V.K.; Hubener, K.H.; Klott, K.; Jenss, H. e Bahr, K. (1980): Computer- tomographische und sonographische diagnostik der echinokokkose. Fortschr. Rontgenstr., 132: 514-21.

Schwable, C. W. (1986): Situação atual da doença hidática: uma zoonose de importância crescente. In: The biology of Echinococcus and hydatid disease, Thompson, R. C. A. (editor). London: George Allen & Unwin: 81-113

Shaapan,R.M.; El-Nawawi; F.A., e Tawfik, M.A.(2008): Sensetividade e especificidade de vários testes serológicos para a deteção da infeção por Toxoplasma gondii em ovinos naturalmente infectados. Vet.Parasitol, 153:359-362.

Shambesh, M.K. (1997): Equinococose cística humana no Norte de África. In: Compendium on cystic echinococcosis, Andersen, F.L., Ouhelli, H. and Kachani, M., (eds.), Brigham Young University, Prim Services, Provo, UT, USA, page: 223-44.

Shamsiev, J. (2011): PRINCÍPIOS DE DIAGNÓSTICO E TRATAMENTO DA EQUINOCOCOSE EM CRIANÇAS. Jornal de Ciências Médicas e da Saúde, MHSJ, Volume 5,2011,pp. 88-90.

Shanna R., R Bargotra R., Azad T., Singh M.(2004): Hydatid Cyst in Retovesical Pouch, Vol. 6 No. 2: 101-102.

Shields TW.General Thoracic Surgery.Wiliams &Wilkins,1994; Quarta Edição;Volume 11:1021 - 1027.

Silva VMG, Arajo FR, Madruga CR, Soares CO, Kessler RH, Almeida MAO, Fragoso SP, Santos LR, Ramos CAN, Bacanelli G, Tones Jhior RAA (2006): Comparação entre ensaios de imunoabsorção enzimática indireta para deteção de anticorpos contra Anaplasma marginale com a proteína 5 recombinante da superfície principal e antígenos iniciais do corpo. Mem. Inst. Oswaldo Cruz, Rio de Janeiro, 101(5): 511-516.

Silva VMG, Arajo FR, Madruga CR, Soares CO, Kessler RH, Almeida MAO, Fragoso SP, Santos LR, Ramos CAN, Bacanelli G, Tones Jhior RAA (2006): Comparação entre ensaios de imunoabsorção enzimática indireta para deteção de anticorpos contra Anaplasma marginale com a proteína 5 recombinante da superfície principal e antígenos iniciais do corpo. Mem.

Inst. Oswaldo Cruz, Rio de Janeiro, 101(5): 511-516.

Singh, S.; Gibikote, S.V.; Sen, S.; Korula, A.and Korah, LP.(1999) :Pulmonary hydatid disease mimicking sequestration: differentiation on magnetic resonance imaging. Austuralas Radiol,43:539-541.

Sinha, P.R.; Jaipuria, N. e Avasthey, P. (1995): Cisto hidático intracardíaco e morte súbita numa criança. Int. J. Cardiol, 51: 293-5.

Siracusano, A. ; Delunardo, F. ; Teggi, A. e Ortona, E.(2012): Relação Hospedeiro-Parasita na Equinococose Cística: An Evolving Story. Hindawi Publishing Corporation, Imunologia Clínica e do Desenvolvimento Volume 2012,.Pp.1-12.

Siracusano, A.; Margutti, P.; Delunardo, F.; Profumo, E.; Rigano, R.; Buttari, B.;Teggi, A. e Ortona, E. (2008): Molecular cross-talk in host-parasite relationships: O intrigante papel imunomodulador do antigénio B de Echinococcus na equinococose quística. Int. J. Parasitol. 38: 1371-1376.

soulsby, E.J.L. (1982): Helminthes, aretrópodes e protozoários de animais domésticos. 7ª ed . Bailliere and Tindall, Londres, pp. 119-127. 119-127.

Steers, N.J.; Rogan MT, Heath S (2001) Suscetibilidade in vitro dos quistos hidáticos de Echinococcus granulosus ao óxido nítrico e efeito da camada laminada na produção de óxido nítrico pelos macrófagos peritoneais. Parasite Immunol 23:411-417.

Stefanie, S.S.; Shaikenov, B.S.; Deplazes, P.; Dinkel, A.; Torgerson, P.R e Mathis, A. (2004): PCR para deteção de infecções patentes da estirpe ovina de E. granulosus em cães naturalmente infectados. Parasitol. Res., 92(4): 347-51.

Sterla, S.; Sato, H. e Nieto, A. (1999): A infeção humana por E. granulosus estimula anticorpos IgG2 anticarboidrato de baixa avidez e IgG4 antipeptídeo de alta avidez.Parasite Immunol., 21: 27-34.

Taha, A. S. (1999): Diagnóstico de cistos hidáticos pulmonares rompidos por broncoscopia fibrosa flexível : relato de 6 casos. BJJ; 5: 86 -92.

Tarp, B.; Black,F.T.and Peterson, E. (2000):O teste de anticorpos imunofluorescentes para o diagnóstico da esquistossomose utilizado numa área não endémica. Trop. Med. Int. Health, 5(3): 18595.

Tekin A.et. al.(2008): Perfil Clínico e Cirúrgico e Seguimento de Pacientes com Quisto Hidático Hepático de uma Região Endémica. J Gastrointestin Liver Dis março, Vol. 17 No 1: 33-37

Terek, M.C.; Ayan, C. e Erhan, Y. (2000): Primary pelvic hydatid cyst. Arch. Gynecol. Obstet., 264:93-96.

O Centro de Segurança Alimentar e Saúde Pública (2011): Echinococcosis.Pp.1-14.

Thompson,R.C.A.(1995):Biologia e sistemática de Echinococcus. In: Thompson, R. C. A. e Lymbery ,A. J. (eds.), The biology of Echinococcus and hydatid disease. CAB International, Wallingford, Reino Unido. 1-50.

Thompson, R. C. A. (2001): Echinococcosis.In: Principles and Practice of Clinical Parasitology . Gillespie, S. & Pearson, R. D.(eds), John Wiley & Sons Ltd.Pp.586-612.

Thompson, R. C. A.; Boxell, A. C. ; Ralston, B. J. ; Constantine, C. C. ; Hobbs, R. P.; Shury, T. e M. E. Olson. (2006): Caracterização molecular e morfológica de Echinococcus em cervídeos da América do Norte. Parasitology 132(3):439-447.

Thompson, R.C.A. e McManus, D.P.(2001): A etiologia: parasitas e ciclos de vida. In : Eckert, J.; Gemmell, M.A. ; Meslin, F.-X. and Pawłowski , Z.S.(eds) WHO/OIE Manual on

Echinococcosis in Humans and Animals: a Public Health Problem of Global Concern. Organização Mundial da Saúde Animal e Organização Mundial da Saúde, p. 1-19.

Thompson,R.C.(2008):The taxonomy, phylogeny and transmission of Echinococcus. Exp Parasitol; 119:439 46.

Topuzlar, M. ; Eken, C. ; Ozkurt, B. e Khan, F.(2008): Possible Anaphylactic Reaction Due to Pulmonary Hydatid Cyst Rupture Following Blunt Chest Trauma: A Case Report and Review of the Literature, Wilderness and Environmental Medicine, 19, 119 123.

Topuzlar, M. M. ; Eken, C. ; Ozkurt, B. e Khan, F.(2008): Possible Anaphylactic Reaction Due to Pulmonary Hydatid Cyst Rupture Following Blunt Chest Trauma: A Case Report and Review of the Literature Wilderness and Environmental Medicine.19: 119-123

Torgerson, P.R.; Pilkington, J.; Gulland, F.M. e Gemmell, M.A. (1995): Further evidence for the long distance dispersal of taeniid eggs. Int. J. Parasitol, 25: 265-7.

Torioni de Echaide, S.; Knowles, D.P.; McGuire, T.C.; Palmer, G.H.; Suarez, C.E. e McElwain, T.F. (1998): Deteção de bovinos naturalmente infectados com Anaplasma marginale numa região endémica através de PCR aninhada e de um ensaio competitivo de imunoabsorção enzimática utilizando a proteína de superfície principal recombinante 5. J. Clin. Microbiol, 36: 777-782.

Tortora ,G.J; Funke, B.R. e Case , C.L.(2010): MICROBIOLOGY AN ITRODUCTION , 10 th ed. Benjamine Cummings , America, Pp. 358.

Touil-Boukoffa, C.; Baurois, B.; Sanceau, J.; Hamrioui, B. e Wietzerlin, J. (1998): Producao de oxido nitrico em hidatidose humana: Relação entre a produção de nitritos e os níveis de interferão-A. Biochimie, 80: 739-44.

Tozzoli, R.; Barzilai, O.; Ram, M.; Villalta, D.; Bizzaro, N.; Sherer, Y. e Shoenfeld, Y. (2008). Infecções e doenças auto-imunes da tiroide: deteção paralela de anticorpos contra agentes patogénicos com tecnologia proteómica. Autoimmunity reviews, 8: 112-115.

Tsieh Sun, M.D. (1988): Echinococcosis. Color atlas and textbook of diagnostic parasitology, Nova Iorque: 272- 9.

Uraiqat, A. A. e Al-Awamleh, A.(2010): CISTO HIDÁTICO NOS MÚSCULOS: UM RELATO DE CASO. JOURNAL OF THE ROYAL MEDICAL SERVICES Vol. 17 (Supp No.l): 72-74.

Van-Snick, J. (1990): IL-6: An overview. Annu. Rev. Immunol, 8: 253-78

Varcasia, A.; Tanda, B.; Giobbe, M. et al.(2011):Cystic Echinococcosis in Sardinia: farmers' knowledge and dog infection in sheep fanns," Veterinary Parasitology, vol. 181, no. 2-4, pp. 335-340

Varela-Diaz, V.M. e Coltorti, E.A. (1976): Immunodiagnostic techniques for human hydatidosis, Varela-Diaz, V.M. e Coltorti, E.A. (eds.), Centro Pan-Americano de Zoonoses, Repartição Sanitária Pan-Americana, página: 7.

Varela-Diaz, V.M. e Coltorti, E.A. (1984): Confirmação imunodiagnóstica da doença hidática em pacientes com diagnóstico presuntivo de infeção. Rev. Inst. Med. Trop. São Paulo, 26: 87-96.

Varela-Diaz, V.M. e Coltorti, E.A. (1974): Limitaciones de la intradermoreaccion de Casoni en elimmunodiagnostico de la hidatidosis humana. Bol. Sanit. Panam., 76: 400-5.

Veit, P.; Bilger, B.; et al. (1995): Influência de factores ambientais na infecciosidade dos ovos de Echinococcus multilocularis. Parasitology, 110,79-86.

Verastegui, M.; Moro, P.; Guerara, A.; Rodriguez, T.; Miranda, E. e Gilman, H. (1992): Enzyme-linked immunoelectrotransfer blot test for diagnosis of human hydatid disease. J. Clin. Microbiol, 30: 1557-61.

Vialtel, P.; Chenais, F.; e Cordonnier, D. (1981): Nefropatia membranosa associada à doença hidática. N. Engl. J. Med., 304:610-2.

Von Sinner, W.N. (1997): Imagiologia da equinococose quística. Ata trop., 67, 67-89.

Wattal, C. ; Malla, N.; Khan, I. A. ; e Agarwal, S. C.(1986): Comparative Evaluation of Enzyme-Linked Immunosorbent Assay for the Diagnosis of Pulmonary Echinococcosis. Sociedade Americana de Microbiologia. Journal of clinical microbiology, p. 41-46.

Wattal, C.; Mohan, C. e Agarwal, S.C. (1988): Avaliação da IgE específica por ensaio de imunoabsorção enzimática na doença hidática. Int. Arch. Allergy. Appl. Immunol., 87 (1): 98100.

Wen, H. e Craig, P.S. (1994): Immunoglobulin G subclass responses in human cystic and alveolar echinococcosis. Am. J. Trop. Med. Hyg., 51: 741-8.

Widdrington, J. D. ; Echevama, C.; Bone, M. e Ellis , R.(2010): Hydatid cysts of the lung. BMJ, Relatórios de Casos. 1-3.

Wolf, O. e Lenner, V. (1998): Equinococose cística do baço. Chirurg., 69: 2008-11.

Women shealth.gov (2005): Autoimmune diseases. Departamento de saúde e serviços humanos dos EUA. Centro nacional de informação sobre a saúde da mulher, www.hhs.gov.

Organização Mundial de Saúde (2001). Relatório da Reunião do Grupo de Trabalho da OMS sobre Medicina Clínica e Quimioterapia da Equinococose Alveolar e Cística.

Organização Mundial de Saúde (2003): Classificação internacional de imagens de ultrassom em equinococose cística para aplicação em ambientes clínicos e epidemiológicos de campo. Ata Trop;85:253-61.

Yaghan, R.J. ; Bani-Hani, K.E. e Heis, H.A.(2004): As caraterísticas clínicas e epidemiológicas da doença hidática no Norte da Jordânia. Saudi Med J , Vol. 25 (7): 886-889.

Yagmur, O.; Demircan, O. e Atilla, E. (1992): Tamponamento cardíaco devido à rutura de cisto hidático no pericárdio. Dig. Surg., 9: 329-31

Yang, Y.R.; Sun, T.; Li, Z.; Li, X.P.; Zhao, R.; Cheng, L. e Donald, P. (2006): Inquérito comunitário e análise dos factores de risco da equinococose alveolar e cística humana na Região Autónoma de Ningxia Hui, Chia. OMS. 84: 714-721.

Yarzabal, L.A.; Dupas, H.; Bout, D.; Naquira, F. e Capron, A. (1977b): Echinococcus granulosus: A distribuição dos antigénios do fluido hidático nos tecidos da fase larvar. II. Localização da lipoproteína termoestável de origem parasitária (antigénio B). Exp. Parasitol. , 42:115-120.

Zandman, G., Berkun, Y., Barzilai, O., Boaz, M., Ram, M., Anaya, J.M., e Shoenfeld, Y. (2008). Lúpus neuropsiquiátrico e factores de desencadeamento infecciosos. Lupus , 17:380-384.

Zarzosa, M.P.; Orduna, D. A.; Gutierrez, P. et al. (1999): Avaliação de seis testes serológicos no diagnóstico e controlo pós-operatório de doentes com hidatidose pulmonar. Diagn Microbiol Infect Dis, 35: 62-255.

Zhang W, Li J, McManus DP (2003). Conceitos em imunologia e diagnóstico da doença hidática. Clin. Microbiol. Rev. 16: 18-36.

Zhang, W.; Li, J.; You, H.; Zhang, Z.; Turson, G.; Loukas, A. e McManus, D. P. (2003b): A gene family from Echinococcus granulosus differentially expressed in mature adult worms. Mol. Biochem. Parasitol. 126: 25-33.

Quadro (3.1): **A ficha de dados**

<table>
<tr><td colspan="3">Case no. :</td><td colspan="3">Patient name:</td></tr>
<tr><td colspan="3">Date of operation :</td><td colspan="3">Age :</td></tr>
<tr><td colspan="3">Doctor :</td><td colspan="3">sex :</td></tr>
<tr><td colspan="3" rowspan="2">Socioeconomic class :</td><td colspan="3">Job :</td></tr>
<tr><td colspan="3">Hospital:</td></tr>
<tr><td colspan="2">Children :</td><td colspan="2">No. of members:</td><td colspan="2">Married:</td></tr>
<tr><td colspan="2">rural</td><td colspan="2">urban</td><td colspan="2">Address :</td></tr>
<tr><td colspan="6">Surgical history:</td></tr>
<tr><td colspan="2">Others:</td><td colspan="2">Trauma:</td><td colspan="2">Laparotomy:</td></tr>
<tr><td colspan="6">Another disease:</td></tr>
<tr><td colspan="6">Clinical signs:</td></tr>
<tr><td colspan="6"></td></tr>
<tr><td colspan="6">Investigations:</td></tr>
<tr><td colspan="3">Grossly :</td><td colspan="2">U.S.</td><td rowspan="4"></td></tr>
<tr><td colspan="3"></td><td colspan="2">X-ray</td></tr>
<tr><td colspan="3"></td><td colspan="2">MRI.</td></tr>
<tr><td colspan="3"></td><td colspan="2">Histopathology</td></tr>
<tr><td colspan="6"></td></tr>
<tr><td colspan="3">Ruptured cyst :</td><td colspan="2">Size :</td><td rowspan="3">Hydatid cyst</td></tr>
<tr><td colspan="3">Multiple cyst :</td><td colspan="2">No .of cyst:</td></tr>
<tr><td colspan="3">history of diagnosis:</td><td colspan="2">Location :</td></tr>
<tr><td>Other:</td><td>Sheep :</td><td colspan="2">Dog :</td><td colspan="2">Contact with animals</td></tr>
<tr><td colspan="6">Phone number :</td></tr>
</table>

Tabela (4.1): **Casos positivos de cisto hidático por ELISA de acordo com a idade, residência e ocupação.**

Patients (74)						
Percentage	Negative	Percentage	Positive	Examined		
0	0	6.75	5	5	Less than 10	Age (year)
0	0	9.45	7	7	10-19	
0	0	14.86	11	11	20-29	
5.40	4	31.08	23	27	30-39	
0	0	16.21	12	12	40-49	
2.70	2	8.10	6	8	50-59	
0	0	4.05	3	3	60-69	
0	0	1.35	1	1	More than 70	
Yates X2 = 5.191			df = 1	P = 0.63		
4.05	3	56.75	42	45	Rural	Residences
4.05	3	35.13	26	29	urban	
8.10	6	91.88	68	74	total	
Yates X2 = 0.017			df = 1	P = 0.89		
2.70	2	50	37	39	House waif	Occupation
2.70	2	18.91	14	16	emloye	
2.70	2	6.75	5	7	Official	
0	0	6.75	5	5	Student	
1.35	1	5.40	4	5	Labore	
0	0	2.70	2	2	Childre	
Yates X2 = 2.162			df = 5	P = 0.82		

Tabela (4.2): **IFA - Casos positivos de quisto hidático segundo a idade, a residência e a profissão.**

Patients (74)						
Percentage	Negative	Percentage	Positive	Examined		
0	0	6.75	5	5	Less than	Age (year)
0	0	9.45	7	7	10-19	
0	0	14.86	11	11	20-29	
5.40	4	31.08	23	27	30-39	
0	0	16.21	12	12	40-49	
2.70	2	8.10	6	8	50-59	
0	0	4.05	3	3	60-69	
0	0	1.35	1	1	More than 70	
Yates X2 = 4.839			df = 7	P = 0.67		
2.70	2	58.10	43	45	Rural	Residences
2.70	2	36.48	27	29	urban	
5.40	4	94.58	70	74	total	
Yates X2 = 0.005			df = 1	P = 0.94		
2.70	2	50	37	39	House	Occupation
0	0	21,62	16	16	emloyer	
1.35	1	8.10	6	7	Official	
1.35	1	5,40	4	5	Student	
1.35	1	5.40	4	5	Laborer	
0	0	2.70	2	2	Children	
Yates X^2 = 1.568			df = 5	P = 0.9		

Tabela- (4.3): **Imunocromatografia - Casos positivos de cisto hidático de acordo com a idade, residência e ocupação.**

Patients (74)						
Percentage	Negative	Percentage	Positive	Examined		
2.70	2	4.05	3	5	Less than	Age (year)
02.70	2	6.75	5	7	10-19	
9.45	7	5.40	4	11	20-29	
18.91	14	17.56	13	27	30-39	
6.75	5	9.45	7	12	40-49	
5.40	4	4.05	4	8	50-59	
2.70	2	1.35	1	3	60-69	
0	0	1.35	1	1	More than 70	
Yates X2 = 1.09		df = 7 P = 0.99				
28.37	21	32.43	24	45	Rural	Residences
18.91	14	20.27	15	29	urban	
47.18	35	52.7	39	74	total	
X2 = 0.018		df = 1 P = 0.893				
29.72	22	22.97	17	39	House	Occupation
12.16	9	9.45	7	16	emloyer	
1.35	1	8.10	6	7	Official	
1.35	1	5.40	4	5	Student	
1.35	1	5.40	4	5	Laborer	
1.35	1	2.70	1	2	Children	
Yates X2 = 4.656		df = 5 P = 0. 46				

MIX
Papier aus verantwortungsvollen Quellen
Paper from responsible sources
FSC® C105338

Printed by Books on Demand GmbH, Norderstedt / Germany